JN140738

◎讃岐のうどん食文化に多角的に迫る

【さぬきうどん】の真相を求めて

吉原良一

はじめに

さぬきうどんの源流はいつ、どのように現れたのでしょうか。

私は本書で、小麦と小麦粉の観点からさぬきうどんの出現とその背景、そしていつ庶民の食になったのかについて、製粉業を営む立場からできるだけ新しい視点での考察を試みました。史実・産業資料等と伝承も含めて調査し、時に想像力をたくましくしながらさぬきうどんの源流を辿ってみました。

大陸からシルクロードを経由して日本に伝播した世界的に稀な特性の小麦、讃岐国における秦人（はたびと）の活躍、讃岐の農民の貧窮、大師輩出と四国辺路、龍燈院・讃岐国分寺、金毘羅信仰と路面うどん飲食店の登場、近代の香川県の水車製粉と石臼製粉の盛衰、戦後のオーストラリア産小麦との奇遇な出合い、そして大阪万博会場でのさぬきうどんの幸運な全国デビュー。さぬきうどんは古代の讃岐で小麦生産が始まってから、それぞれの時代の重要な出来事にきっかけを得て、時代を反映させながら讃岐の地に深く根付いてきました。

小麦製粉の観点から見ると、香川県の製粉産業は明治期に小麦の生産基盤を確立し、水車動力の石臼製粉の興隆をみた後、機械製粉工場へと移行していきます。さぬきうどんは大正期後半から昭和期にかけて農家・農村のハレの食として徐々に普及する一方、香川の中心地高松の〝旦那衆の飲食〟としても花開いていきます。

昭和45年（1970年）の大阪万博でさぬきうどんの名が全国的に広がった後、昭和50年代前半にかけて香川独特のセルフスタイルのうどん店が誕生し、「さぬきうどん業態」を作り上げていきました。そして、21世紀の大事業と言われた瀬戸大橋の開通後、いよいよ平成15年（2003年）に全国で爆発的なさぬきうどんブームが訪れ、その後21世紀型のさぬきうどん飲食業態が全国に広がっていくことになるのです。

本書ではその他、オーストラリア産小麦とうどんの稀有な出合い、日本のうどん用小麦生産の現状、現在の香川県のさぬきうどん事情、さぬきうどんの食感と小麦粉の関係等さぬきうどんをいろいろな角度から捉えようと試みました。

さぬきうどんの源流はいつ、どのように現れたのか。
なぜ、これほど香川県ではうどんにこだわるのか。
なぜ、全国でさぬきうどんが人気を得たのか。
さぬきうどんのおいしさの本質とは何か。

本書を通して1600年を超えて生産されてきた讃岐の小麦と、現在のさぬきうどんの主原料であるオーストラリア産小麦、そして讃岐の風土とこの地で生きてきた人々の生活と深く結びついたさぬきうどんの食文化の一端に触れ、読者の皆様と一緒にさぬきうどんが辿ってきた長い歩みを感じ、味わうことができれば誠に幸いです。

末尾ながら、完成まで長い間の旭屋出版 土田治様の寛容とお心遣いに、心より感謝の意を表します。

吉原 良一

平成30年8月吉日

目次

◎讃岐のうどん食文化に多角的に迫る
【さぬきうどん】の真相を求めて

第2章
花開いた香川県のうどん食文化

制　作／土田　治
装丁・デザイン／宮本　郁

第1章

さぬきうどんの源流と広がり

さぬきうどんのルーツを探る

昭和45年（1970年）、大阪万博会場でさぬきうどんのおいしさが全国に知られ、その後、昭和50年代にかけて第一期さぬきうどんブームが起きた。

そして、約30年後の平成15年（2003年）、東京・渋谷でかけうどん100円のさぬきうどん店の登場がメディアの注目を集めたことをきっかけに、再びさぬきうどんの人気は一気に高まった。香川県独特のセルフうどん方式やメニュー、昭和の時代を感じさせるうどん店の懐かしい雰囲気や、山あいの田舎に散在する立地などのユニークなさぬきうどんの魅力が爆発的に全国に広まり、人が押し寄せた。

それから15年経った今も、県内外でさぬきうどん店の開店が続いており、全国的にもさぬきうどん業態が定着しつつある。さらに海外の飲食市場にチャレンジするさぬきうどん企業も現れている。

このように全国で人気を得たさぬきうどんは、一体、いつどのように誕生し、讃岐の地で生きた人々の食生活に関わってきたのか。さぬきうどんの起源はどこにあるのだろうか。

古代から近代に至るまで、讃岐における小麦の粉食やさぬきうどんに関する記録は少なく、昭和40年代になって随筆がある程度で伝承の記録さえ少ない。歴史的に讃岐国は距離的にも経済面でも都から遠い辺土であったが、農耕は古代から他国に比べて大いに盛んだった。また、平安期には大師を多く輩出し、その修行地を淵源とする四国辺路（江戸期に四国遍路と呼ばれる）を生むきっかけを作った国でもある。そして、江戸中期以降、江戸をはじめ全国で熱狂的な金毘羅信仰が広まり、金毘羅参詣道は長きに渡り諸国の人々によって大変な賑わいが続いた。

これらの讃岐の特性、ひいては歴史の流れがさぬきうどんの出現にどう影響したのか、いろいろな角度から探ってみたい。

さぬきうどんのルーツを、讃岐の歴史背景に辿ると

うどん食の発現と普及には、「小麦生産」、「川（水車動力）」、「製粉（石臼）」、「旺盛な需要」の四つの要素が不可欠である。

讃岐は、かつて麦王国と言われたほど、小麦・裸麦の生産が盛んだった。その背景には、温暖で少雨の気候環境が麦作に向いていたこと、律令時代からごく狭い耕地しか与えられなかった讃岐の農民が米は正税として取り立てられたため、麦を糧とせざるをえなかった歴史背景がある。

現在でも、香川県は小麦の作付面積は平成28年産で１６７０ha、平成29年産は１７２９haと、

四国地方だけでなく中国地方を含めても最大の小麦産地である。

　私は、さぬきうどんのルーツは「生きるために麦を食べる」ことから起こったのではないか、つまり全国的に見て非常に厳しく、貧窮極まった生活をせざるを得なかった讃岐の農民の食から生じたのではないかと考える。その讃岐の農耕と小麦生産、水車による石臼製粉の歴史を辿ることは、本稿の主旨の一つである。

　さぬきうどんの食文化を「仏教と食（儀式料理・饗応料理・斎食・供物等）」「門前町・参道等の路面飲食」「庶民の食習俗」等、どのような視点から見るかによって、その捉え方は大きく異なる。また、さぬきうどんの起源を小麦粉生地を紐状（切麺：紐状に中細の太さに切り落とす）、縄状（索麺：手延）、皮状（餺飥：薄く伸ばして方形に切る）等の広義に置くなら、大陸の「仏教と食」まで辿る必要があるし、庶民の日常の食事として捉えるのなら、いつ、どのように寺院の食事から庶民へと移ったのか、あるいは両者の関連があったのか、無かったのかが論点となるだろう。さぬきうどんのルーツを辿っていくには、いろいろな視点、分野からのアプローチが必要である。本稿では可能な限り史実を基に、農耕、小麦生産、水車と石臼、唐の寺院の食事、参詣道での飲食、近代の石臼製粉と機械製粉、農民・庶民の食事などの観点からさぬきうどんを多角的に見ていく。

秦人(はたびと)の渡来と讃岐の畑作技術の進歩

古代の日本で畑作（焼畑、定畑）を発達させていった人々は、大陸から朝鮮半島を経由して渡来した「秦人(はたびと)」とする説がある。

日本書紀によると、応神14年（283年）、百済から来朝した弓月君(ゆづきのきみ)は、120県(こおり)あまりの人を率いて帰化したと記されている。日本書記に記されている年代や細かな内容は不正確とも言われるが、5世紀に雄略天皇、6世紀に欽明天皇と秦氏の関わり合いの記述がある。

秦氏の一族は、大陸から持ってきた農耕（おそらく穀物の種も持参したと考えられる）や様々な技術を用いて比較的、都に近い各地に分散・土着し、畑作農耕、土木建築、養蚕・機織(はたお)り等の技術の進歩に貢献したとされる。地方に分散していった秦人は、欽明天皇元年（540年）から6世紀中頃には、全国に7000戸を超えるほどであり、10万人を超えていたと推察されている。

秦人(はたびと)が多く住んでいた地方は、大和、山城、河内、摂津、和泉、近江、美濃、若狭、讃岐、伊予などであり、讃岐は大陸から先進的な農耕技術が導入されたと考えられる。

もっとも、稲作を知る手がかりとなる弥生時代の土器や籾(もみ)が香川県下で出土しており、秦人到来以前の弥生時代中期には稲作は定着していた。秦人は焼畑・定畑や麦の農耕技術の進歩に大きく貢献したのではないか。日本民俗文化研究家の宮本常一氏によると、「魏志倭人伝（3世紀末）には、禾・稲・紵・麻を作るとあるが、麦のことは書かれていない。しかし平安期、貢納の木簡には〝麦〟の文字が比較的多く見られるため、秦人の渡来によって日本で定畑が発達して麦生産が進んだのではないか」（「日本文化の形成」）とする。

香川県農業史によると、天平勝宝7年（755年）、律令時代の日本において班田収授実施の徹底のためにおかれた農地の支給・収容を執行する計75人の班田使の中に、「秦」という讃岐人とおぼしき姓名が見られるとある。これは秦人であろう。

また、日本国最古の荘園図とされる弘福寺領讃岐国山田郡田図に関連して、「天平宝字7年（763年）10月29日 山田郡弘福寺田内校出田注文、天平宝字年間山田郡司牒案」には、山田郡の郡司に秦公氏、秦氏の名が見られ、秦氏の本拠地は香川郡の南海道沿いの中心部だったとする研究報告があり（「古代山城築城と古代国家の形成」石上英一）、香川の農耕分野の記録には秦人の存在が多く認められる。

律令時代から麦類は米のように正税ではなかったため、生産量や作付に関する記録は少ない。農民は農地に張り付いて食糧生産を担うことで一生を終えた。取り立てられる米に対し、麦（主に大麦）はある程度自由であり、自給自足の食糧として重要な穀物だった。また、麦は稲作より比較的安定して収穫できたし、米の裏作として作ることができた。8世紀半ばに、政府（平城京）が麦の生産奨励をしていることからも、食糧としての重要性を認識していたことがうかがえる。もっとも、農民にとって大麦は粒のまま、あるいは潰して煮ると粥などの食料になったが、小麦は粉砕して胚乳部を粉（小麦粉）にしてから加熱調理しないと、粒のまま煮ただけは硬くて食べられない。当時、まだ小麦を粉砕する技術も道具の遺物も出土しておらず、どのようにして食べていたのか明らかになっていない。一部を馬の餌に使用していたとの説もある。

それより以前、日本書紀には欽明天皇12年（551年）「麦種一千斛を以て百済王に賜う」とある。6世紀半ばには、日本から百済へ麦を送るまでになっていたのである。「一千斛」は計算上、大麦なら約105t、小麦なら約135t。相当に多い量である。これが真実なら、日本での麦作技術の進歩と畑作の広がりの背景に秦人の力が見えるようだ。

和名類聚抄（平安時代中期承平年間〔931年～938年〕編纂の辞書）に讃岐国の耕地面積1万8647町（約1万8500ha）の記録がある。これは律令制下の南海道（紀伊、淡路、阿波、讃岐、伊予、土佐）の中でも最も広く、大和・河内・伊賀・越前より広い。全国で見れば九州を除いて12位である。この頃までに讃岐国の耕地が開拓され、農耕が盛んであったことがわかる。讃岐国は律令制のもとで「上国」に区分されている。

地方から中央（朝廷）への貢献物に付けられた木簡が平城宮址から多く発掘されている。木簡は、7世紀後半から10世紀（奈良～平安時代）までを中心に、文書行政が行われていた物的証拠とされ、物資に関する帳票や記録を木片に文字を記したものは「記録木簡」、租税を納める際の荷札木簡、保管の際のラベルの木簡等は「付札木簡」と呼ばれる。

平城宮址の木簡の記録に見る、讃岐の穀物生産の充実

讃岐国の秦氏については、平城宮・平城京・長岡京木簡などで確認できる。木簡に記された秦人は、伊豆（静岡）、尾張（愛知）、近江（滋賀）、若狭（福井）、丹波（京都）、紀伊（和歌山）、播磨（兵庫）、備前（岡山）、阿波（徳島）、讃岐（香川）など広域に渡っている。

当時の讃岐の農産物の生産を物語るのに、奈良文化財研究所木簡データベースによると、次のように、秦姓と貢献代表者の居住地に「讃岐」の文字のものが発掘されている。しかし「讃岐国、小麦」記載の木簡は未だ見つかっていない（傍線は人名。筆者による。■は判読不明部分）。

讃岐国三木郡池辺■　秦

讃岐国香川郡■■里　秦■廣嶋米五斗八升

讃岐国香川郡原里　秦公■身

香川郡仲津間郷　秦　福万呂白米五斗

讃岐国香川郡細郷　秦　公

香川郡尺田　秦　山道白米五斗

讃岐国香川郡成会　秦　公蓑

坂出市下川津の遺跡で出土した木簡

近年香川県で、平成2年（1990年）に出土した坂出市下川津遺跡において図表1の木簡が発掘されたと、「瀬戸大橋建設に伴う埋蔵文化財発掘調査報告Ⅶ　下川津遺跡」（香川県教育

【図表1】香川・坂出で出土した刻書木板図

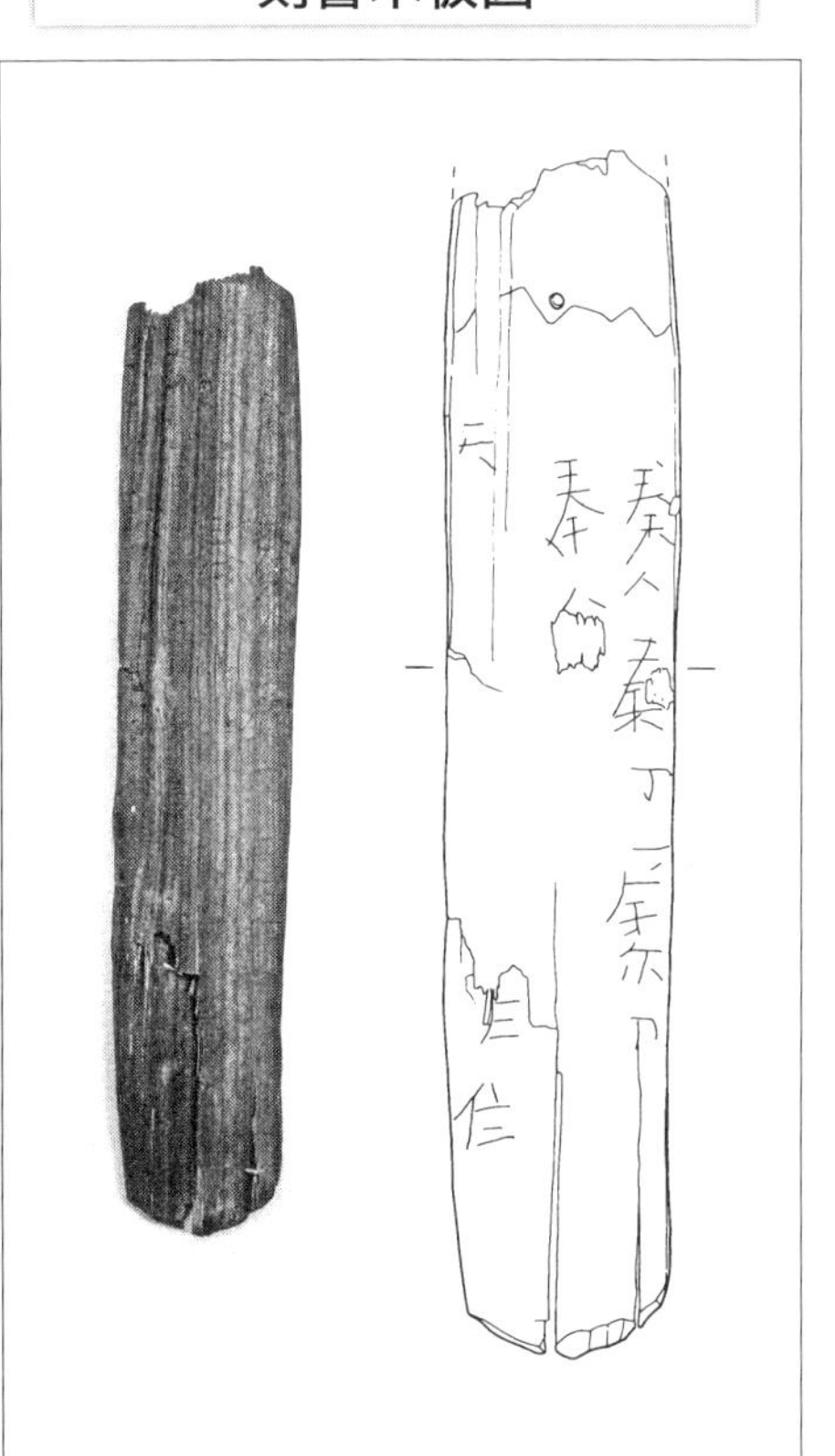

1990年3月に香川県坂出市の下川津遺跡で出土した、文字が刻まれた7世紀の木板の図。やや判読しづらいが、発掘した香川県教育委員会等では「秦人」「秦部」などの文字が書かれており、祭祀行為に関するものではないかと推定している。（「瀬戸大橋建設に伴う　埋蔵文化財発掘調査報告Ⅶ　下川津遺跡」より）

委員会）で報告されている。ただ、写真では文字が不鮮明なので図でおこしたものも併せて掲載する。

前記の他、平城宮発掘調査出土木簡概報（奈良国立文化財研究所）にまとめられている木簡に読み取れる文字の中には、例えば次のような文字が書かれたものがあり、香川県の今に残る地名があることは興味深い。例えば以下のような記述のある木簡も出土している。

讃岐国　大内郡
讃岐国　寒川郡造太郷
讃岐国　三木郡牟礼里
讃岐国　三野郡高野郷佐伯部

また「さぬき一宮郷土誌」によると、現在の高松市一宮町にある「讃岐国一宮田村神社」の社家・田村家は秦氏であると伝えている。この一宮周辺は現在でも、米・麦生産の盛んな地域である。

平城京の小麦消費

近畿、中四国近辺から平城宮への貢納物に付ける畑作物の木簡の中には「米」とともに「麦」も多く、麦の中でも「小麦」と書かれたものも多い。前述したように「麦」は「大麦」と「小麦」に分類され、大麦は粒を搗き砕いて煮込めば粥としてすぐ食べられるが、小麦は粒が硬いため、粉砕して胚乳部を粉状にして取り出し（小麦粉にして）、水で練って加熱しないと食べられない。つまり、大麦が粒食できるのに対し、小麦は粉食である。

唐・西安を手本にして造られた平城宮に相当量の小麦が献納されていたことから、西安の寺院と同じく都の寺院や朝廷、貴族階級で小麦粉が消費されていたと考えられる。そうであるならば、小麦を挽く製粉機である石臼もあったはずである。それは近年の平成12年（２０００年）に東大寺で発見された粉挽き用石臼（碾磑）の存在で証明された（詳しくは後述）。

律令時代、讃岐の農民の耕地面積

香川県農業史によると、前出の和名類聚抄では、当時の讃岐の公田は「一八六四七町五段

【図表2】
小麦を記した木簡

奈良時代、近畿地方や中四国近辺から平城宮への貢納物に付ける畑作物の木簡には米とともに麦も多かった。麦には大麦と小麦があり、上の写真は「小麦五斗」と表記のある木簡。（写真協力／奈良文化財研究所）

二六六歩」とあり、これは約1万8500haにあたる。平成28年（2016年）の香川県の水稲の作付面積1万3200haよりさらに広い耕地面積である。当時の公田の面積に対する租税の総計は4万4200石余り（約6630t）の米に相当する額だった。

当時の讃岐の人口を約20万人と推定すると（香川県農業史による）、1人あたりに与えられる耕地面積は9畝強（約925㎡＝9a強：約30m×30m）に過ぎない。讃岐の人口についての別の説、11万人程度とすれば1人あたり17畝（約1680㎡＝17a：約42m×42m）となる。どちらにしても驚くほどの狭さである。しかも農民に課せられる税は、稲作に課せられる租、及び庸・調それに雑徭を加えると、実質的に稲の収穫の90%にあたるという。その上、干ばつが頻繁に発生する気候環境下で、いったいその生活たるやどのようなものであったのか。

時代を遡るが、奈良時代（710〜794年）、日本の律令制の口分田（農民に一律に支給された農地。その収穫から「租」が徴税された）は5歳以上の男性1人あたり約24aとされるが、前述のように、10世紀の平安期の讃岐国で9aあるいは17aと、その約200年前の奈良時代の日本の水準の40%あるいは70%の耕地面積に過ぎない。公田は時代によって概念、内容が変わるので精査は必要だが、これらは讃岐の農民の生活の厳しさをうかがわせる。

その農民の貧窮生活は、仁和2年（886年）から寛平2年（890年）まで讃岐守として赴任した菅原道真が讃岐で作った漢詩「菅家文草　寒早十首」で、租税に堪えかねて故郷を捨てた人や、いくら働いても生活は楽にならず貧苦にあえぐ厳しい生活状況を詠じている。この讃岐の農民に課せられる重税は後述するが、程度の差はあれ近代の大正期まで続くのである。

讃岐に宿る大悲とさぬきうどん

律令時代、讃岐の農民の生活は支給された口分田（農地）の狭さ、重い租税、頻繁に起きる干ばつ等により貧窮を極めた。一方、平安期に大師号を賜った高僧は全国で19名、そのうち讃岐国出身の大師は弘法大師空海を含めて5名を数え、その多さは顕著である。それら五大師以外の高僧も含めて、空海をはじめ多くが讃岐国多度郡弘田郷の豪族である佐伯一門の出である。

その中心的な存在だった空海の突出した功績の一つは、それまでの仏教になかった「慈悲の心を持つだけでなく、苦しむ人々を現実的に救う実践こそが重要である」という密教経典・大日経の「三句の法門」の教えを実際に行っていったことである。例えば空海は決壊した讃岐の満濃池の改修や大和益田池の治水工事の指導を行って短期間で完成させるなど、苦しむ民衆を現実に救った。その僧として型破りとも言える行動力はどこから来たのだろうか。

その意志の根底には、空海が平城京に移る（14歳と言われている）までの時期に目の当たりにした讃岐の農民らの逃れることができない貧窮の苦しみがあったのではないだろうか。

そして日本において初めて、密教の思想と実践の全体に及ぶ体系を樹立したと言われる空海は「自然は本覚、人間は始覚」とし、自然は悟りそのものだとして四国の険しい山岳や海辺の岩窟で修業を重ねた。その空海ゆかりの霊場八十八ヵ所を、幾多の民衆が救いを求め巡拝するに至り、その道は四国辺路と表記され、江戸初期に「四国遍路」となり現在に至る。これらの長い時間の中で起きた事柄に因果性があると考えることはできないだろうか。

つまり何代も続き、逃れることができない農民の貧窮の〝苦〟は、やがて大悲（衆生〔命のあるもの全て〕の苦しみを救う仏の深い慈悲）の心へと通じ、さらに救いの実践を旨とする弘法大師空海をはじめ、讃岐の五大師を生む土壌となった。その後、民衆が救いを求めて、その空海の修行の跡を追うように霊場を巡拝する四国遍路の出現に結び付いたという因果である。人々の苦しみが、結局は人々を救うという因縁を示唆していると見ることができるかもしれない。

これら讃岐の地に宿る因縁は、さぬきうどんという存在にも影響を与えている気がしてならない。それは利益追求のみではない、どこかおおらかさや包容力、相互扶助の心、ひいては利他の精神につながるものである。それは例えば、自分の店の周辺に住む人たちにうどんを廉価で供給し、自らうどん打ちの努力を重ねて〝他者を満足させよう〟とすることや、お接待として無料でうどんを打って配る人たちや、うどん店経営の傍ら門戸を開いて、開業を希望し教えを乞う人に無償で手打ちの技を教える人たちの存在に現れているように思う。

四国遍路には昭和期に入っても、家族と別れ一般社会から逃れるように巡拝するお遍路さんがいて、その中には行き倒れになり亡骸となって発見されることもあったと聞く。「遍路」には人間や社会の暗い部分がつきまとう一面もあった。

辺土（へんど）とは、都から隔たった遠い土地のことを言うが、四国では食べ物や生活に必要なものを物乞いして生きる人のことも「へんど」と言う。この「へんど」という言葉は、不治の病を抱える人々や、一般社会を離れた人々、救いを求めてあるいは償いの遍路となり、ただ歩き続けて巡拝した人たちの存在をも示していたのではないだろうか。

さぬきうどんは、讃岐の地に宿り高名な大師を生むに至った深く広い、それは大悲（慈悲の心）に通ずるものを根底に持っているように思う。そして空海が到達し体現した救いの実践の精神、理念はさぬきうどんをも包括しているように感じられる。

水車と石臼のルーツ

日本で水車に関する最も古い記録としては、日本書記の推古天皇18年（610年）の箇所に次のように書かれている。

「一八年の春三月（はるやよい）に、高麗（こま）の王、僧曇徴（そうどんちょう）法定（ほうじょう）を貢上る（たてまつる）。曇徴は五経を知れり。且能く（かつよく）彩色（しみのものいろ）及び紙墨を作り、并せて碾磑造る。蓋し碾磑を造ること、是の時に始るか。」
《高麗の王が献じた僧曇徴は、五経（儒教の基本経典）に通じていた他、絵の具や紙墨を作ることに長けていた。それとともに碾磑（みずうす：穀物を挽くための水力で回る石臼。〝てんがい〟とも読む）も作った。まさしく、碾磑の製作はこの時が初めてである。》

この記述は伝承とも言われ、確証はないが、古代の中国では穀物や茶などを粉砕する水車動力の石臼機構は貴族や寺院が所有していた。当時、水車を動力とする碾磑（石臼）は、最先端技術の機械だったのである。

日本で現存する最古の石臼は、天平時代（７２９～７４９年）、九州・大宰府の観世音寺の境内に今も置かれている碾磑（直径１ｍを超え、上下の石の重さはそれぞれ４００kgを超える巨大な石臼）であるとされる。石臼の研究家、三輪茂雄氏によると、この石臼は小麦などの穀物粉砕用ではなく、水を流し込みながら鉱物を粉砕するのに使われていたらしい。

石臼は一般的に穀物を挽く機械、道具と思われがちだが、実はお茶の粉砕、鉱物の粉砕、黒色火薬用の木炭の粉砕、色粉（赤、白）、胡粉（ごふん：貝殻から作る顔料。かつて中国の西方を意味する胡から伝えられたことから胡粉と呼ばれ、日本画や日本人形の絵付けに用いられる）などの幅広い用途に多く使われた。

京都・東福寺保管の巻物にある〝水車の図〟

穀物等を製粉する石臼機に関する日本で最も古い図面は、現在、京都の東福寺に保管されている。鎌倉時代中期（1241年）、中国浙江省明州の碧山寺から、僧・円爾（聖一国師）が持ち帰った「大宋諸山図」の巻物（大部分は建物の絵図）の最後にある、水力利用（水車）製粉機構図を描いた「水摩の図」である。

この図は800年も前のものだが、「小麦」と「茶」を挽く水車動力の石臼挽き機構を模写表現しており、製粉用途の機構図として日本で初めて図で表されたものだ。ただ、この図面通りに実際に水車動力の石臼機構が作られたかどうかは未だわかっていない。

円爾は、駿河（静岡県）の出身で、晩年駿河に帰って禅宗の布教を行うと同時に、宋から持ち帰った茶の実を植えさせ、茶の栽培も広めたことから静岡茶（本山茶）の始祖とも称されている。宋時代に開発された「抹茶」は、刈り取った茶の葉をすぐに蒸した後、乾燥させ石臼で細かく粉砕したものである。石臼による粉砕は、単純な粉砕方式と思いがちだが、実はその粉砕メカニズムは複雑であり、短時間で高い熱を発生することもなく微粉が採れる。対象物が臼の間で破砕され、その破砕物が臼の微細な凹凸の溝によって繰り返し磨り潰され回転しながら、内側から臼の円周部へ押し出されつつさらに粉砕されていく。小麦の場合でも、石臼のタイプや小麦品種にもよるが、石臼で挽くことによって細かく粉砕され、結構細かな粒径の粉が採れる。

さて、円爾（えんに）は宋から日本へ帰国後、上陸地の博多にて承天寺を開山、のちに上洛して東福寺を開山する。九州・博多がうどんの発祥の地とする説の根拠はここにあるのだろう。昭和58年（1983年）3月、福岡市長（当時）の進藤一馬氏は、承天寺に「饂飩蕎麦発祥之地」と刻んだ高さ3mの石碑を作った。

索餅（さくべい）と茶

当時、唐や宋から政治・文化・仏教・技術等を学んだ日本では、同様に水車と石臼機構を寺院や貴族の所有、管理下で使用していた。それは、平民の食からは遠い別格の存在であったことを意味する。

前述した最古の石臼のある天平期の九州・太宰府の観世音寺から、京都・東福寺にある鎌倉期の大宋諸山図まで約500年の間、石臼に関する記録も物的な発見もなかったため、その間、日本での石臼の製作や、使用はなかったのではないかとされてきた。当時の日本ではまだ、穀物等の粉砕・粉化の需要が少なかったためと考えられてきた。ところが、平成12年（2000年）になって、東大寺で奈良時代前期と推定される粉挽きの石臼の一部が発見されたのである。

奈良新聞による報道は以下の通りである。
「奈良文化財研究所が、２０００年11月７日に発掘調査を発表。東大寺境内の古井戸跡から挽き臼の破片が見つかった。石臼の破片は井戸枠に組み込まれており縦約25㎝、横約10㎝。粉を挽くための溝が刻まれており、計算上、直径約１mの大きさである。付近から出土している食器類から少なくとも奈良時代前期（７５０年頃）と推定されている。東大寺古文書の記述にある石臼である可能性が高い。」

同研究所は、東大寺に「碓殿（うすどの）」（複数の石臼を設置した製粉施設）があった可能性を指摘している。奈良時代、東大寺で大型の石臼で穀物を挽いていたというのである。食文化研究家の奥村彪生（あやお）氏によると、石臼の動力は古老の話などから、かつては相当の水流があった近くを流れる佐保川の水を引いていたのではないかとする。

前述のように、平城宮址で発掘される木簡には各地から送られてくる米、麦、大豆などの穀物の名称が多く書かれている。中でも小麦は特に種皮が硬く、そのままでは茹でても大麦のようには食べにくく、粉砕して内部の胚乳部を取り出す破砕工程が必要であることは先述した。

このような小麦に対して、水車動力の石臼による粉砕は、人が縦杵（たてきね）で手で搗（つ）くことに比して圧倒的に効率的で、高い生産能力を持つ。唐の政治・文化・仏教・技術等を積極的に取り入れようとしていた当時、仏教と食（精進料理・饗応料理・儀式料理・斎食等）の実現のためにも唐の水車と碾磑（石臼）のメカニズム技術の導入の実現は不可欠であったと考えられる。

では、その石臼で挽いた小麦粉で何を作っていたのか。

前出の奥村彪生氏によると、正倉院文書の中に、写経所の写経生に配給する索餅の売買の記録があるという（宝亀2年〔771年〕）。

索餅とは、紐状にした小麦粉生地（小麦粉を主に米粉を加える）を水に浸けてから人差し指と親指ではさみ、揉みながらニラの葉のように平たく手延したもの、あるいは縄状に捻った太い麺との説もある。いずれにせよ、索餅は奈良時代に日本へ伝わっていた。

写経所に食料として索餅が配給される回数は多く、時には大量に食べていたらしい。正倉院の記録によると、索餅を3879藁（藁＝把：親指と中指を指先で接する程度に摑む量）用意したとある。ただし、索餅は今の手延素麺の製法の原型であり、生地を切り落とすうどんでは

索餅（さくべい）

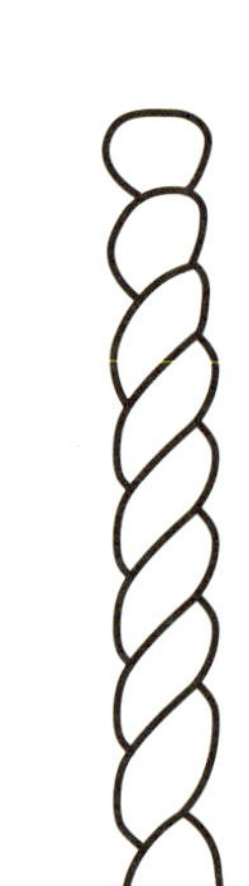

奈良時代の正倉院の文書に、写経所の写経生に配給する食べ物として売買の記録があるという「索餅」。上の図は室町時代の頃の建武年中行事註解に書かれていた索餅の絵をもとに描いたもの。手延素麺と同様の作り方と考えられる。

ない。文化人類学者の石毛直道氏によれば、15世紀中頃より、日本で索餅を「ソウメン（索麺、素麺）と呼ぶようになるが、これは中国語の「索麺（スゥオミェン）」に由来するとしている。

唐代の食

ここで、日本が手本としてきた唐代中国の食事について見てみる。

19回目の遣唐使として承和5年（838年）6月13日に乗船、承和14年（847年）に帰国した平安前期の僧・慈覚大師圓仁の記録「入唐求法巡礼行記」がある。これは10年近くかけて唐の山河を歩いて真理求法の旅を続け、それらを日本に持ち帰るために困苦に耐えた日々の記録である。毎日の食料を行き先々で乞うて命をつなぐわけだから、当然食事への意識は強く、その記録は多くそして詳細だ。

圓仁の記録には、道を進む中、寺や官吏に施される食事に「粥（かゆ）」という文字が多く出てくる。大麦、稷（ウルチキビ）、黍（モチキビ）、粟（あわ）、麻、豆等を煮たものである。稗（ひえ）は古代中国で卑しい食べ物とされていたので、おそらく寺院で出されることはなかったろう。

圓仁は、金沙禅院では餺飥（ふと、はくたく：小麦粉の団子）を与えられている。河北省曲陽県の八会寺では黍飯（きびめし）。変わった食べ物としては、劉家の裕福な民家で食べた楡（にれ）の入った餅菓子（おそらく団子状）の汁（羹（あつもの））の記述がある。

また、8月15日（現在の中国での中秋節）の寺院でも同様に餺飥とともに餅食（へいしょく）（米・麦・粟の粉を焼いたり、蒸したりしたもの）を供えて祝ったと記されている。

しかし、入唐求法巡礼行記で数多く出てくる食べ物の中に、うどんのように小麦粉生地を折り畳んで切り落とす切麺（チェミエン）のことは出てこない。

うどんの原型はいつ現れたのか

奥村彪生氏（前出）によれば、うどんの原型と言われる〝切麺（チェミエン）方式〟（包丁で切る麺）が日本に初めて伝えられたのは、素麺の伝来と同時期の鎌倉時代（1200年代初頭）、宋の時代に南宋から伝えられたとする。前述の円爾（えんに）（聖一国師）が、小麦と茶を挽く水車動力の石臼挽き機構「水摩」を日本に持ち帰った時期に近い。宋の最新食文化が日本に伝わったことになる。

さて、その200年後、包丁切りの麺を日本で「切麦（きりむぎ）」と呼んでいたことは、室町時代の公家の山科家に関して記述した「山科家礼記（やましなけらいき）」（文明12年〔1480年〕）に出てくる。奥村氏はこの山科家礼記に、切麦の原料の小麦粉について「温飩粉（うどん粉）」という言葉があることに着目し、この時期にうどんは包丁切り麺の主流になっていたのではないかと推察している。

石毛直道氏は、うどんの普及について木工技術に着目する。麺棒で小麦粉生地を伸ばしている絵図の作業台は完全な平面である必要がある。15世紀に入り、台鉋（だいがんな：板材の表面を薄く削る手道具）や大鋸（おが：現在のノコギリ。木材を引き切るための木工刃具）が普及し、大型の平面の打ち台が簡易に作れるようになったことが、うどん普及の背景にあるとみる。いずれの推察もうどんの普及は室町時代（15世紀）とする。

東大寺「転害門」の由来と滝宮・龍燈院の水車

東大寺は、奈良時代に聖武天皇が国力を尽くして建立した寺である。その境内の西北、正倉院の西側に「転害門（てんがいもん）」という国宝に指定されている大きな門がある。掲示されている解説文には「東大寺伽藍における唯一の遺構で、その雄大な姿は創建時の建築を想像させるに十分である」とある。この転害門という名前の由来にはいろいろ説があるが、その一つに碾磑（てんがい）（石臼）からきたという説がある。

石臼の研究者、三輪茂雄氏（前出）によると、『南都七大寺巡禮記』などの古文書にたびたび出てくる東大寺の碾磑（石臼）について次のような記述があるという。

「西向の南より第三門也。碾磑御門堂と號（ごう）す。此の門の東に唐臼亭あり。故に碾磑門と云う。」「碾磑亭は、七間瓦屋なり。件の亭は講堂の東、金堂の北にあり。その亭内に石唐臼を置く。これを碾磑と云う。馬瑙をもって之を造る。その色白也」。唐臼と書かれているのは、碾磑（石臼）のこと。蹍磑を設置している様を書き記している。

三輪氏によると、この門の呼び名の由来はさまざまで、「転害門」以外に、手貝、天貝、手蓋などのあて字が使われているという。中でも面白いのは「婆羅門僧正（日本に渡来したインドの仏教僧）がはじめて東大寺に入ったとき、行基菩薩がこの門で迎えた。その姿が手で物を掻くようであったので手掻門という」（「石臼の謎」）との一説である。

それはさておき、行基菩薩は、聖武天皇より大仏造立の実質の責任者として招聘された東大寺の「四聖」の一人に数えられ、しかも前述した奈良新聞

【図表3】東大寺・転害門（国宝）

東大寺・正倉院の西側にある転害門。種々の戦火にも焼け残った、創建時の東大寺の伽藍建築を想像できる唯一の遺構という。転害門という名の由来には諸説あるが、その一つに石臼（てんがい＝蹍磑）からきたという説がある。実際、2000年11月には東大寺境内の古井戸から石臼の破片が発見されたという。

の報道で明らかになったように、奈良時代に東大寺で踉碓（石臼）が稼働していた頃と同時期の高僧である。「碾磑」に関連してその名が出てきていることはとても興味深い。

というのは、行基は香川県の滝宮（綾川町）にあった瀧の御堂（後の龍燈院）と、讃岐国分寺を開基した人物と伝えられているからである。さらに、その龍燈院のすぐ横を流れる綾川（あやがわ）中流域に、仁和2年（886年）頃には寺車（てらぐるま）（後の逢坂（おうさか）水車）がすでに設置されていたと伝えられている（次項を参照）。

つまり、東大寺に設置された水車・踉碓（石臼）と、讃岐の内陸の綾川中流域に設置された水車が一つの線でつながる。東大寺 ↓ 踉碓（石臼）↓ 行基菩薩 ↓ 瀧の御堂（龍燈院）↓ 讃岐国分寺 ↓ 寺車（逢坂水車）というつながりである。

讃岐最古の水車の伝承

香川での最古の水車の伝承は仁和2年、菅原道真が讃岐守を任じられ赴任した頃、すでに存在したと言われる「寺車（逢坂水車）」である。府中村史によると、龍燈院跡地、現・滝宮神社の横を流れる綾川の中流域にあったとする水車で、寺院が管理する「寺車（てらぐるま）」と呼ばれた。寺車とは、穀物を挽くために設置された寺院が所有・管理する水車である。同じ水車でも、江戸期に幕府が管理し明治期に入って民間に払い下げられた実利目的の近代の水車とは役割が異なる。この伝承とその水車設置の背景を追ってみよう。

滝宮ばやし読本「北山綾川寺龍燈院について」によれば、龍燈院の興りを以下のように伝えている。少し長いが、紹介したい。

「龍燈院は行基菩薩を開祖とし、弘法大師・空海が中興開基したと伝えられている。行基菩薩は奈良時代に飛鳥寺で法相宗を学び、近畿地方を中心に貧民救済・治水・架橋などの社会事業活動を行い、多くの業績を残した高僧である。ま

【図表4】滝宮・綾川「上車」「中車(寺車)」復元図(推定)

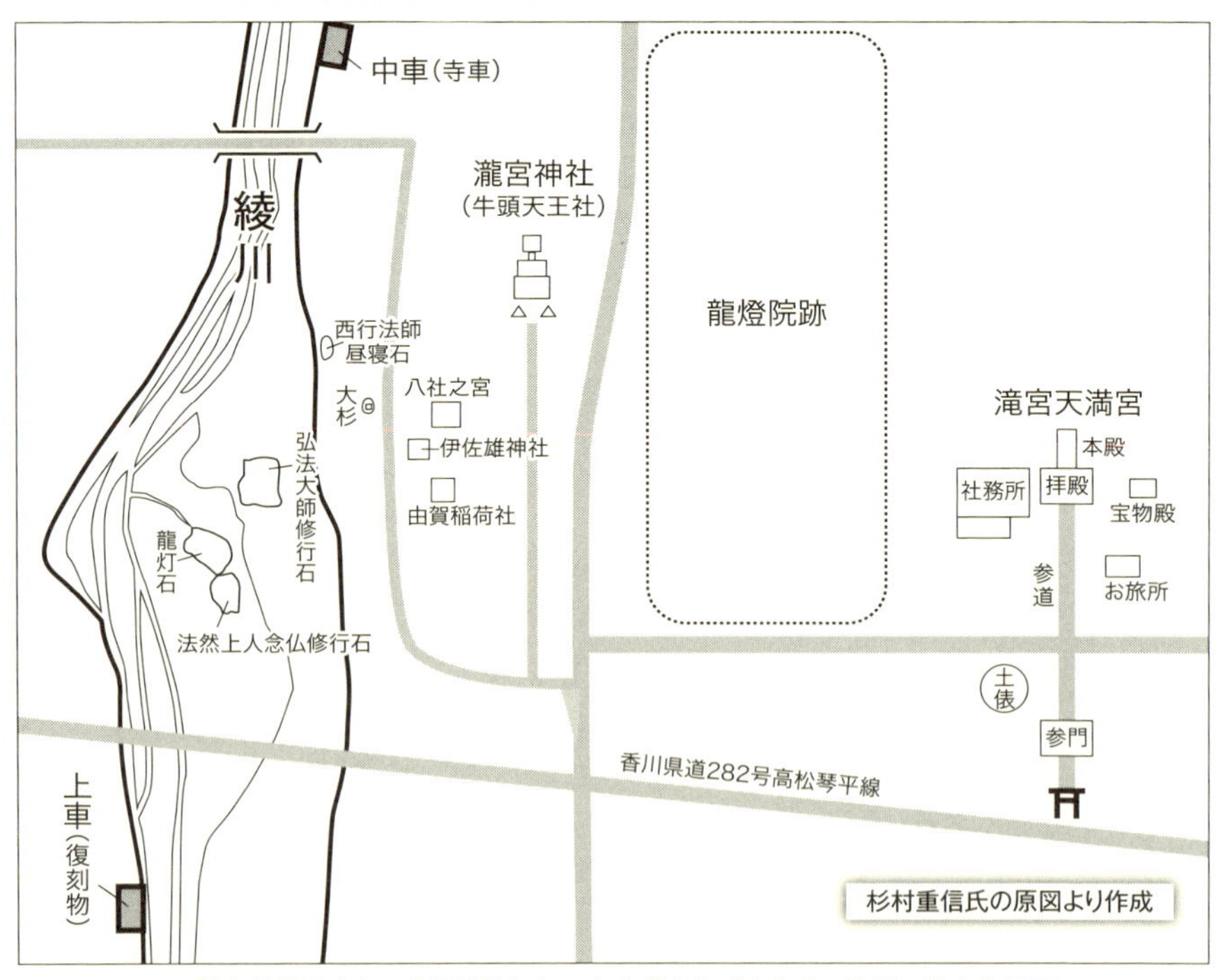

香川・綾川町滝宮の龍燈院跡と寺の水車(「上車」「中車」)の位置の推定復元図。

た東大寺の大仏造立にも関り、開眼供養の導師も務めた。その行基が天皇の命令（奉勅下向）によって国中を巡った際、讃岐の中央である阿野郡滝宮、現在の綾川の河辺に立たれ、目にされたものが深い青色の清流や流れる音、鳥のさえずりが耳を楽しませ、周りの素晴らしい岩窟の趣に、言葉で言い表せない気持ちになっていた。その時、〝ここは堅固不動にして、菩薩がお住まいしていて、法を説く場所を表しているようだ。ここにお寺を建て多くの人々の生きる幸せな場所とするように〞というお告が聞こえてきた。そこで、約3mの茅葺きの祠を建立して、像を安置した。これが和銅2年（709年）、龍燈院の始まりである。人々は〝瀧の御堂〞と呼び崇めた。

その約100年後、大同元年～4年（806～809年）頃、弘法大師・空海が『瀧の御堂』

【図表5】龍燈院跡の石碑

滝宮の綾川近くにあった龍燈院には、小麦を挽く水車（寺車）があったのではないかと推測されている。現在龍燈院跡には石碑がある。

に帰郷した際、お経を読んでいる時に、綾川の深い淵から天子の一族なる人が現れる不思議な体験をし、その光景にちなんでこの寺を『龍燈』と名付けた。ここに、真言宗讃州阿野郡滝宮村北山龍燈院が開基された。大同2年（807年）弘法大師・空海が33歳の時とされる。」

　龍燈院開基における行基菩薩と弘法大師・空海の関連がよく理解できる解説となっている。なお、現在では龍燈院の建物は消失しており、跡地に石碑のみが残る。

行基と讃岐国分寺と水車

　この「北山綾川寺龍燈院について」に書かれた話の裏付けを求めて、行基の生涯を著した「行基年譜」（安元元年（1175年））でその足跡を追った。だが、行基が四国、あるいは讃岐を訪れた記録は「行基年譜」にはない。しかし、興味を引く箇所があった。龍燈院を開基した和銅2年（709年）頃、行基は生駒山の仙房（山奥の居）で修行していたと記載されている。母親の病気療養のこともあったが、仙人が住むような、俗界を離れた静かな仙界に対する行基自身の憧憬と、山岳宗教の修行を目的としたとの説がある。

　生駒山に関して、日本書紀に「空中にして竜に乗れる者あり、貌、唐人に似たり。青き油の笠を着て、葛城嶺より、馳せて胆駒山（生駒山）に隠れぬ」と著わされており、「仙人（唐人に似た人）が竜に乗って葛城から生駒山に飛び、隠れた」とその仙界の存在を示唆している。

当時は生駒山に仙界があるという捉え方もあった。この山岳仏教や秘境の仙界に憧憬を持っていたとも言われる行基の、先述の「俗界を離れた静かで清浄の地を感じて」瀧の御堂を開基したという話は、行基の神仙思想志向と合っていて興味深い。

そして、同じく行基が開基したとされる讃岐国分寺がこの綾川の少し下流域近くに建立されたことと、この伝承はなんらかの関連性を持っている可能性がある。先述の瀧の御堂の伝承で「天皇の命令（奉勅下向）によって全国を歩いた」というのは、年代はやや異なるが、聖武天皇が仏教による国家鎮護のため、当時の日本の各国における国分寺建立を決定し、それを受けて建設地の選定に行脚していたことを表しているとも考えられる。

つまりこれらは、古代から中央と関係が深く仏教が盛んであった讃岐国に、龍燈院や讃岐国分寺を建立する中央の意思の「象徴」として行基という人物が寺伝などで伝承されてきたのではないか。その龍燈院と讃岐国分寺の建立の際、寺院の祭事などに必要な小麦粉を作る水車・石臼製粉機構の導入の可能性については後述する。

さて、行基年譜によると、行基は和銅5年（712年）まで生駒山の草野仙房で住んだことになっているが、その後3年間、霊亀2年（716年）まで年譜の記録がなく、空白の3年間となっている。瀧の御堂の開基は伝承では709年だがこの空白期に近い。藤原京から平城京へ遷都したのが和銅3年（710年）なのでその頃の話である。

仏教への信仰を高めることで、鎮護国家の思想が強くなったこの頃、歴史地理学者の千田稔氏は、「その頃平城京の造営は過酷な労働を必要とした。諸国から集められた人夫と庸調(今日での役務、それに代わる布、米、塩など)を運搬する運脚が、京から郷里への戻る道中は食料が足りず、辛苦を極めた。行基は積極的にその苦役にさらされた人々の中に入っていったのではないか。空白の3年間は山岳で修行のみで日々を送っていたというより、行動的な期間ではなかったか。」(「天平の僧 行基」)としている。

想像力をたくましくすれば、近畿を中心に数多くの橋、港、道路、布施屋(休養施設)等の造築や寺院の開基といった社会事業を成し遂げた行基は、自ら建造を指導した大輪田船息(現:兵庫県神戸市の新開地の河口付近)あるいは神前船息(現:貝塚市の近木川下流)の港から、この空白の3年の間に讃岐国、阿波国等四国に渡ったのかもしれない。京に労役のために集められた人夫や多くの運脚が疲弊して故郷に戻れず行き倒れたり、川を渡る力も術もなく川岸にただたむろしたりする悲惨な状況を見て、人々を救うべく行脚したと言われる。

行基の足取りは不明な部分が多く、自ら書いたものも残っていないため確たる史実の裏付けはないが、行基が開創したとされる四国の寺院の寺伝によれば、香川県の讃岐国分寺、大窪寺、徳島県の霊山寺、高知県の土佐国分寺等々数多い。実際に四国に渡り、寺院を開創したのは行基の流れをくむ僧たちであり、「行基」は象徴であったのかもしれないが、それだけ全国に響き渡る名声を有していた。

ほぼ同時期の讃岐国分寺建立と水車・石臼機構の持ち込み

民衆の心を深くとらえ、民衆仏教とか一説では妖術使いとも警戒され、一時、元正天皇に禁圧されたものの、聖武天皇に登用され大仏造立の実質的責任者にまで至る異能の人とも言われる行基。行基の死後であったかもしれないにせよ、その前後に聖武天皇が仏教による国家鎮護のため、日本の各国に国分寺の建立を命じた時期とほぼ同じ頃に、「水車動力による小麦を粉砕する石臼機構」が讃岐国に持ち込まれ、結果としてさぬきうどんの源流となった可能性がある。前述の東大寺に「碓殿(うすどの)」(複数の石臼を設置した製粉施設)があった時期と、国分寺の建立を命じた時期、そして讃岐国分寺の建立の時期が、741～750年頃と、かなり近いのである。

讃岐国分寺は現在の香川県高松市国分寺町にあり、『続日本紀』に「天平勝宝8年(756年)讃岐国を含む26ヵ国の国分寺に仏具等を下賜」との記載があることから、この頃には整備されていたと考えられている。しかし讃岐国分寺は創建時の姿は今はないが、境内に今も残る金堂跡の30を超える礎石の並びから奈良・唐招提寺金堂と同規模の建物だったと推測されている。

また七重塔跡の礎石がほぼ原形のまま残っており、その並びから全国的に見ても最大級の規模であったとされる。讃岐国分寺史跡は地形的に見ると、3つの山に囲まれた盆地に位置している。実際にその広い跡地に立って廻りを見渡してみると、讃岐の一般の風景とは異なり、山に囲まれた眺めであることに気づく。全国の国分寺あるいは国府の位置を選定するのに、防御や河川との位置など地理的要件があったと考えられるが、創建時の讃岐国分寺跡地から見る山々の眺めが奈良の大和三山のそれと似ていると感じることから、この地が選ばれた意味、理由に興味がわくところではある。

讃岐国は古代から中世にかけてすでに仏教が大変盛んであった。讃岐国分

【図表6】讃岐国分寺・金堂跡

鎌倉時代後期に再建された現在の讃岐国分寺本堂の前には、創建当時（741年）の讃岐国分寺金堂の大きな礎石が並んでいる。金堂は東西28m・南北14mと、奈良・唐招提寺の金堂と同規模の大きさと推定される。

寺の創建以前、県下最古とされる開法寺が白鳳期（7世紀）に讃岐国分寺建造地の西4㎞に創建されており、いずれも綾川流域近く前述の寺車（逢坂水車）の少し下流に位置する。開法寺の伽藍（がらん）配置は、塔が東に、金堂が西でこれらを回廊が囲み、回廊北方に講堂がある法起寺（奈良県、638年創建）式と推定されている。これら都と同等クラスの寺院において、都と同じように仏教の祭事等の食事に、近くの綾川流域で小麦を水車駆動の石臼で挽いて使用していた可能性がある。

前述のように、ほぼ同時代に東大寺の石臼殿で小麦を挽き、その小麦粉で作った索餅（さくべい）が食料に使われていた説があることから、讃岐国分寺においても同様なことが行われていたことが考えられるのではないか。綾川の寺車（逢坂水車）で小麦など穀物を挽き、小麦粉などの穀粉を、龍燈院をはじめ近い距離に建立された讃岐国分寺や開法寺において精進料理、饗応料理、斎食・供物等に使っていたというのはそれほど無理のない考え方に思える。少なくとも、唐招提寺金堂に匹敵する大規模な讃岐国分寺創建の際には、セットとして水車・石臼機構を設置した可能性は十分に考えられる、その製作や設置が行われていたとしたら、穀物粉砕用の碾磑（石臼）を有した東大寺を建造した指導者や技術者、職人等の集団が来て、讃岐国分寺の建造と合わせて製作したのかもしれない。

全国の国分寺の地形的特徴を調べてみると、ほとんどが河川の近くに位置していることに気づく。当時の交通の利便性や生活用水の必要性のほかに、これまで述べてきたような時期的な共通点を考慮すると、全国の国分寺もまた水車動力を利用していた可能性もあるのではないか。

そこで、建て替えなどで立地場所が移動している場合も考慮して、国分寺跡地の所在地を含め、細かく調査してみると、推定68ヵ所の全国の国分寺のうち、66ヵ所が1・5㎞圏内に河川が隣接していた。68ヵ所の97％になる（三重県の志摩国分寺、長崎県の対馬国分寺は付近に河川はないが、どちらも例外的に海に近接している）。ただし、小麦の入手ができるかどうかもあるので、一概には言えないがこうしたことも当時のことを考える上では興味深い視点である。

また、8世紀頃の讃岐国に当時の最新技術の水車と石臼挽き機構をもたらしたとすれば、それは鎮護国家の政治力によるものだが、中央から離れた讃岐国にそれだけ大規模なレベルの建造を行うには朝廷との間にかなり強い政治的な関係があったと考えられる。讃岐国と中央との関係をみると、7世紀に大和朝廷は朝鮮半島からの侵攻に備えて瀬戸内海沿いに26の山城を作っている。そのうち瀬戸内海を展望、監視できる讃岐国に山城を2ヵ所、屋島城（現・屋島）と城山（きやま）（現・坂出市）に築き、瀬戸内海の防御の一つの拠点とした。

また、7世紀中頃の大化の改新後、朝廷が班田制の実施を進めたが、讃岐国でも広域における条里制が施行され、現在、香川には日本最古の田図が残っている。古代讃岐では大規模な開拓が進み、讃岐国は先述のように律令制のもとで「上国」に位置付けられている。このように軍事面と食糧生産の役割を持つに至った讃岐国は、大化の改新の頃には17の寺院があり、奈良時代（8世紀）には30寺を超えていたという。これらは朝廷と讃岐国の密接な関係を示している。

さて、さぬきうどんのルーツに迫るとき、この時代に日本はもちろん唐においても、未だ切り落としの麺「切麺（チエミエン）」は存在しなかったのではあるが、しかし、蹍磑（てんがい）（石臼）で粉砕した小麦粉で作る索餅（さくべい）（麦縄）や餺飥（はくたく）（方形の皮状のもの）等がこの地域で作られていた可能性は十分に考えられる。とすれば、さぬきうどんにつながる素地は、8世紀の綾川流域の龍燈院周辺（現・滝宮町）、そして讃岐国分寺が在る讃岐国阿野郡（現・高松市国分寺町近辺）に存在していたことになる。

菅原道真とうどん

滝宮村史によると、仁和2年（886年）頃、讃岐守を任じられ赴任した菅原道真が綾川渓谷の川の流れを見ながら、うどんに関して呟いた内容を次のように記している。

「猶茲（なおここ）に瀧宮名物の温飩あり、このうどんの古実を傳ふるに菅公御仕國の日　綾川の巌上に憩（いこ）ひ給ひ御言葉に、音羽の瀧は流れ細く白髪索麺をさらすに似たり。此瀧の水の流や、太くして温飩をさらすものの如し…」。

音羽の瀧とは、京都・清水寺の開創の起源であり、寺名の由来となった音羽の山中から湧出

する清泉のこと。菅原道真は大きな岩の上で憩いながら綾川の流れを見て、

「京都の音羽の瀧は、白髪のような索麺（さくめん）（索餅（さくべい）から進化した手延の細麺で、現在の素麺のルーツとの説がある）をさらすように細い流れだが、この綾川の流れは温飩（おんとん）をさらすようだ。」

と言ったというのである。

この麺に例えたイメージは、「索麺」は細い素麺の形状、温飩は現在のうどん、あるいは索餅（麦縄）状の太いうねりであり、波が現れては消える様子にも似て見えたということだろう。ただ、「索麺（さくめん）」「温飩（おんとん）」という名称と現物が日本のこの時代にあったのかどうか疑問もあるが、菅原公の都を想う切なさをも感じさせるこの話は一つの伝承としてそっと置いておきたい。

綾川沿いに鬱蒼とした雑木林がある滝宮神社、川には奇怪な形の岩、ゴツゴツした巨岩が転がっており、かつて大雨の際、急峻な山を駆け下りた綾川の水流の激しさを想像させる。巨岩の下には、水面の翠色が美しい深い淵がある。弘法大師・空海が、綾川の深い淵から天子の一族なる人が現れるのを見たというその場所である。

木々や岩の景観、水の流れる様が美しい綾川渓谷は、今でも静けさの中にも荘厳な雰囲気を持っている。少し道を奥に入れば、人の目を避けるように「文政13年」、「嘉永2年」等の文字が掘られた石碑やお地蔵様が残存しており、金毘羅参詣道の名残を感じさせる。時間を超えた世界の神秘性を感じる場である。

江戸の麺文化と水車・石臼

ここで、江戸期の小麦を製粉する水車及び石臼について見てみよう。

近世の日本の水車と石臼の発達の過程は、慶長8年（1603年）に江戸幕府が開かれ、18世紀には世界で最大の人口を持つに至った日本の行政首都、江戸での状況を基軸として見る必要がある。

小麦粉で麺を打って食べさせるうどん屋という飲食業が現れたのは結構早く、江戸期に入って間もなく、江戸の町を建設中の頃のようである。

うどんかそばかは明確ではないが、麺飲食業の存在を示す図絵として、寛永年間（1624～1645年）に描かれた江戸名所図屏風に、建設中の活気のある江戸初期の市街で、神田川沿いの麺打ち（半裸で丁髷（ちょんまげ）の男が麺棒で生地を延ばしている）が描かれている。

寛永20年（1643年）には、江戸幕府が農民の生活規範を定めた「土民仕置覚」に「農村で麺類、饅頭、豆腐など、穀物や豆を浪費する贅沢な食べものを売る商売をしてはならない。」とあり、その頃には農民が麺を作り販売していたことがわかる。幕府が禁令を出すほどの麺売買に必要な原料小麦粉の供給元としては、主に水車動力の石臼による粉挽き屋の他に、後述のように人力で挽く粉屋（図表7参照）も職業として成立していたのではないだろうか。

17世紀半ば頃から、東海道の茶屋でのうどん・そば切りや、浅草の蒸しそば切り、夜にそばを売り歩く煮売り屋、遊女の呼び名にひっかけた喧鈍（けんどん）そば切りなど、にぎやかな町民の、麺の食風俗を書いた随筆や書き物が多く出ている。それらによると、江戸の麺飲食業（うどん・そば）は寛永年間（1624～1645年）にはすでに存在していて、その後、17世紀半ば頃から江戸の人口増加とともに急速にうどん屋・そば屋が増えていった。当然、それに伴って小麦粉の需要も増えていったと考えられる。

ちなみに、江戸におけるうどんとそばだが、江戸そばの食文化が完成するのは天保年間（1831～1845年）頃と言われており、それまでの麺類の主流は上方、つまり大坂をはじめとする近畿一帯から都市建設のために集まった人たちの西の食文化、うどんだったという。では、江戸近郊で小麦粉を挽くために水車と石臼（挽き臼）が使われ出したのはいつ頃のことだろうか。

水車の動力である用水の観点から見ると、江戸における用水路の開発は、江戸開府と同時に始まり、慶長5年（1600年）前後から慶安2年（1649年）頃まで、神田上水（1590年）、六郷用水（1611年）、葛西用水（1614年）、玉川用水（1654年）等の用水路が次々に開発されている。17世紀前半の江戸の用水開発に伴い、江戸で高まる麺飲食業の成長に合わせてその水系を利用した水車動力の石臼製粉が勃興していったと考えられる。

江戸と近郊の水車の記録を辿ってみると、玉川上水系の最初の水車について「元禄10年（1697年）に江戸の粉屋、江戸糀町の粉屋九兵衛は、多摩郡府中領上仙川村（三鷹市）の品川用水（玉川用水の分水）に水車を設置した。この時、水利権を持つ荏原郡品川領九か村は、上仙川村を違法であるとして訴訟を起こした。水利権を持たない上仙川村が、品川用水の利用を粉屋に許したことを違法であると訴えた。」（篠崎四朗「品川用水沿革史」）との記録がある。

この水車は石臼2台を動かす製粉用水車であり、訴訟の結果、堰と水車を撤去したが、このことは元禄期には武蔵野地域に水車製粉業が存在したという事実を示している。この頃には小麦粉、そば粉の需要が相当に増え、石臼製粉業は興盛していたのではないか。

江戸の粉挽き用水車の例

江戸の粉挽き用水車の記録を以下にいくつか挙げる。

- **元禄13年（1700年）　半兵衛の水車。神田上水にて米搗並びに粉商売。**
- **享保3年（1718年）　砂川村重蔵が柴崎分水に水車を設置。**
- **享保8年（1723年）　玉川佐兵衛が広尾（樋籠）に水車を設置。江戸名所図会にも描かれた有名な水車。**

・宝暦11年（1761年）　下小金井村の百姓才治が挽臼1台、搗臼10本の水車を下小金井村田用水に設置。

この頃から玉川用水の分水流域での水車設置は急速に発展したと言われ、玉川上水開削からほぼ140年後に書かれた「上水記」によると天明8年（1788年）には、玉川用水の分水に設置された水車は30台を超えたとある。

ところで、この時期の粉挽きの仕事の記録に、元禄3年（1690年）刊の「人倫訓蒙図彙」がある。これは、7巻に分けて当時の身分・職業の簡単な図絵と解説を用いて整理した本である。ここで粉屋について、このような説明がある。

「【粉や】うどんの粉、蕎麦の粉、是をうる。麺類師、饅頭に是を用ゆ。又大豆の粉、芥子、山椒の粉、米の粉等別にあり。又附子の粉、女の針うり、是をあきなふなり。」

男女が石臼を回している向こうに、石臼の周囲に押し出されてくる穀粉をふるう篩の様子が見える。水車動力の石臼製粉だけでなく、人力で粉を挽く粉屋商売も存在した。

また、元禄10年（1697年）に著された「本朝食鑑」に、小麦粉について次のように記している。

「麪―即ち麦粉のことである。我国では麦を粉にするのに舂臼（搗臼）でなく、惟初めに礱（石臼の意味：礱は元々、中国で作られた米の籾摺りや穀物の殻を取るための臼状の道具）で挽き、羅にかけて麪にする。これを俗に温飩の粉ともいう。３～４回摩いて羅にかけた粉を上麪とする。５～６回以上摩いたものを下麪とする」。この時代には、小麦を粉砕して網で篩って粉を採る現代の製粉と、基本を同じにする臼による製粉方式ができていた。

元禄10年は、前述したように九兵衛が品川用水で水車を設置し石臼製粉を試みて、咎めを受けた年でもある。この頃の江戸では、うどん屋、そば屋、すし屋が江戸の商人や職人等向けの外食として盛んになっており、小麦粉需要が旺盛になっていたことを示す。この時期、まだ江戸はそばではなく「うどんの町」だった。製粉の立場からみ

【図表7】江戸期・元禄の頃の粉屋の商い

「人倫訓蒙図彙」は元禄3年（1690年）に発刊された、さまざまな身分・職業を解説した図絵集。「粉や」の項目にはうどん、そば、大豆、ケシ、山椒、米などを挽いた粉を商うとの説明があり、石臼で挽いている上の図がある。

ると、小麦もそばも同じ石臼で粉にするのだが。

18世紀前半に、武蔵野の小麦を挽いた小麦粉を徳川将軍に献上したとの記録があり、江戸で伸びる小麦粉需要に合わせて水車製粉や人力の粉屋が増え、小麦粉の生産能力全体が増えていったことをうかがわせる。ちょうど江戸の人口が100万人を超えて世界で最大規模となった頃である。

そして、農家に手挽き石臼が普及するのも、同じく江戸中期の18世紀前半である。

前述の九兵衛の水車設置が問題となった一件（元禄10年〔1697年〕）は、ちょうどさぬきうどんに関する最古の絵図と言われる「金毘羅祭礼図屏風」（図表8参照）が描かれた頃（元禄15年〔1702年〕）とほぼ同時期である。この頃、100万人の人口に達しようとしている江戸では水車と石臼による水車製粉の時代に入っていたが、その時期の讃岐の経済力、農耕社会（小麦生産を含め）のレベル、小麦粉需要を考えると、わずかな水車製粉は存在していたかもしれないが、江戸と同じような水車製粉レベルにあったとは考えられない。実際、讃岐で水車が普及するのは、後述するが江戸後期からである。

幕末・明治末に讃岐にあったと伝えられるうどん屋の数

しかし、もし当時、滝宮天満宮横を流れる綾川に、前述の逢坂水車など寺車が稼働していたとしたら、寺院が少量で貴重な水車による小麦粉を金毘羅参詣道のうどん業者に払い下げていた可能性はある。また数は少ないが、讃岐の水車で古いものは、江戸期以前から開設されたと伝えられる高田水車（現・高松市上天神）や、江戸初期に設置されたという平池の水車（藩が運営する御用水車：現・香川町浅野）等がある。前出の「金毘羅祭礼図屏風」に描かれたうどん屋が使う小麦粉は、これらの御用水車及び寺車から供給されたのかもしれない。

「寺車」の著者・杉村重信氏によると、古老の言い伝えとして、滝宮にあったうどん屋は、幕末に11軒、明

【図表8】うどん屋が描かれている金毘羅祭礼図

金刀比羅宮に所蔵されている金毘羅祭礼図屏風の一部。元禄15年（1702年）作とされる。参道の賑わいの中にうどん屋が描かれており（○部分）、それぞれに66ページと同様の招牌がある。上図の左のうどん屋は生地を延ばしているところで、右は庖丁で切っているところ。上の図には入っていないが、右端の方に粉を捏ねているうどん屋も描かれている。（金刀比羅宮所蔵）

治末には6軒、大正末から昭和初めに6軒あったという。そして、水量に恵まれた綾川流域には早くから小規模ながら営利目的の水車が設置され、明治時代に綾上町で14台、滝宮で6台、府中で3台、計23台の水車で粉挽きをしていたと書いている。

金毘羅参詣道の中でも滝宮は、茶屋やうどん屋、宿屋が多くあり、宿場町として活気があった。江戸後期以降になると、資産家や財力のある地主が綾川流域の水車を経営しており、その水車粉で金毘羅参詣道のうどんを打っていたのは間違いないだろう。

金毘羅参詣道に〝さぬきうどん〟の人気路面店出現

金刀比羅宮の門前町でうどんを打つ姿が描かれている「金毘羅祭礼図屏風」は、元禄15年（1702年）の本宮社屋根吹き替えを記念して、金毘羅大権現の大会式当日の、二王門から本社に達するまでの山上の風景と、門前町の賑わう様子を描いた屏風絵である。それより遡ること20数年、延宝7年（1679年）に金刀比羅宮（本宮）の御分霊を江戸城の裏鬼門（現在の虎ノ門）に遷座している。虎ノ門金刀比羅宮の資料によると、

「讃岐国丸亀藩主の京極高和が、象頭山の金刀比羅宮（本宮）の御分霊を当時藩邸があった芝・

三田の地に勧請し、延宝七年、京極高豊の代に現在の虎ノ門に遷座した。」
とある。

江戸幕府や朝廷などにも幅広く浸透していた金刀比羅宮

私は、東京の虎ノ門金刀比羅宮を何度か訪れたが、境内には「百度石」、「大願成就」と掘った御百度石の石柱があり、都心のビルの合間にある立派な金刀比羅宮御社殿は荘厳な雰囲気で、平日でも参拝する人々が次々に訪れる。

江戸の多くの大名藩邸では、領国の霊威ある神社を祀り、それを江戸町民、一般庶民に解放するのが慣例となっていた。中でも京極藩邸の金刀比羅宮（江戸）では毎月10日に江戸町民に参詣を許可しており、金刀比羅宮にお参りすると念願がかなう（大願成就）として大変な人気を博したという。

香川県琴平町の象頭山（ぞうずさん）に鎮座する金毘羅大権現の「金毘羅」は「コンピラ」と読む。この「コンピラ」は古代インドの神話に現れるバラモンの神「Kumbhira」（クムビィラ、クビィラ）に遡ると言われる。クムビィラは元来、ガンジス川に棲むワニを神格化した水神で、ガンジス川そのものを神格化した象徴「女神ガンガー」の乗り物でもあることから、龍神―海神―漁民・船人の神という転換により、金毘羅信仰は海上交通の守り神の金毘羅大権現として信仰

【図表9】香川・金刀比羅宮（本宮）と虎ノ門金刀比羅宮

写真上は香川県琴平町にある金刀比羅宮・本宮。本宮までは785段の石段があり、石段の沿道には多くの土産店がある。全国から多くの参拝客が訪れる。写真下は東京都港区虎ノ門にある虎ノ門金刀比羅宮。現在はオフィス街のビル群に囲まれているが、やはり参拝客が途切れることなく訪れる。

されてきた。

江戸期に、讃岐の金毘羅参詣道が他国からの大勢の人の参拝によって賑わったのは、瀬戸内はもちろん、江戸、東北、日本海側（加賀・能登・越後・佐渡その他）から九州まで全国的に広がった金毘羅信仰の人気と興隆による。先述のように、もともと、金毘羅信仰は象頭山と呼ばれる特徴のある山の形が航海上の目印になり、やがて危険な航海の安全祈願の海神であったものが次第に、より生活に密着した現世利益の神格としても捉えられるようになっていった。船人は常に移動するため、その信仰の流布は速くそして広範囲に及んだだろう。

さらに言うと、それ以外にも金毘羅信仰は実に幅広い性格を持っており、象頭山での修験（しゅげん）による山岳信仰、海神（蛇）、水神（水の神）、水の関連から農神（農耕の守護神）、象頭山麓の四つの村（四条・五条・榎井・苗田）の氏神（地域の神）でもあった。金毘羅は元来、仏教であるからまさに神仏習合であった。

これら多面性を持つ信仰の性格からか、金毘羅のいろいろな霊験が広く喧伝された。例えば、金毘羅に誓った敵討ちが心願に徹すれば叶うとか、大病の治癒を祈願したら霊能を持つことができ、病気平癒に至ったなどである。その他、庶民の祈願の成就をもたらす霊験譚（たん）も多く伝えられており、金毘羅信仰は民衆の不安、願い、欲求に応じる時代性を持ち人心を惹きつけていたことがわかる。だからこそ、流行神と言われるほど熱狂的に全国に広まり、さらに朝廷、幕府、大名の間にも深く浸透し厚い支持層を得るに至った。

物見遊山気分の金毘羅参詣
——商業の町・大坂との海運と金毘羅参詣道のうどん店

金毘羅宮参詣が本格的に広まった背景には、寛文12年（1672年）に河村瑞賢が開いた西廻り航路の開通（山形の酒田から佐渡・能登・下関などを経て大坂に至り、さらに紀伊半島を迂回して江戸に至る航路による海上輸送）の確立がある。その背景には貨幣経済の進展とともに米の貨幣的価値が増大し、大名や領主が年貢米を領地から一大消費地である畿内へ輸送するニーズが高まったことがある。高田藩、庄内藩、弘前藩も西回り海運を利用して米の大坂市場に参入するようになった。この西廻り航路を使って、航路の港間でモノが相互に豊富に流通し、人の行き来、交流も活発化した。

実際、金毘羅祭礼図屏風には、貨幣経済の発達を示すように漆器・かんざし・鍋・道具など多くの商品が描かれている。交通史に詳しい歴史学者の新城常三氏によれば、江戸末期には四国遍路を巡る人の数は年間約1万5000人前後と推定し、そのほとんどが金毘羅宮に参詣しているのではないかと推計している。

金毘羅参詣は霊場参りであると同時に、物見遊山の旅を楽しむ行楽でもあった。元禄2年

（1689年）4月に、金刀比羅宮の門前町での博奕・遊女停止の申渡しの記録があり、歓楽街があったことがわかる。さらに、元禄7年（1694年）10月には、宿貸し・遊女・博奕停止のお触れ（役所等から民衆に出す布告）が出ており、規制されるほど歓楽業が盛んになっていた。当時、金毘羅参りをする人々は、それなりの貨幣を持つ商人階級など比較的富裕層だったと考えられる。

さて、金毘羅祭礼図屏風にはうどんを打つ3軒のうどん屋（「小麦粉を捏ねる」「小麦粉生地を延ばす」「生地を切る」3種の工程）が描かれている（55ページの図表8参照）。参詣者で大賑わいを見せる参詣道で繁盛するうどん屋のうどん打ち商人は、讃岐以外、例えば大坂近辺から来た可能性が考えられるのではないか。大坂の金毘羅屋敷は万治3年（1660年）に造営されており、その名は広まっていたし、大坂からの廻船によって、うどんを提供する商売に必要な道具、食材等は調達することができた。四国遍路、金毘羅参詣の旅客も運んでいた。次項でその可能性を探る。

江戸期の手打ちうどん製法

金毘羅祭礼図に描かれている時代のうどんはどのような打ち方だったのだろうか。

江戸初期の寛永20年（1643年）に刊行された料理書「料理物語」によると、うどんの作り方を次のように記している。なお、「料理物語」の著者は不明だが上方言葉が使われており、大阪出身ではないかと推定されている。

「塩水で小麦粉を練り、ちょうどよい加減にこね、臼でよく搗き、ひび割れないように綺麗に丸めて櫃に入れ、布を湿らせて蓋にして、かぜをひかないように（生地が乾かないように）しておき、一つずつ取り出して打つ。汁は煮貫、或いは垂味噌が良い。胡椒、梅を添えて出す。」

この内容から小麦粉生地を丁寧に扱っていることが感じられ、この頃、すでに現代とほぼ同じやり方でうどんを打っている。臼で搗くというのは、身近にある杵臼を使用したのだろう。餅つきのように強く叩くように搗くのではなく、杵で押し込むように練っていたはずである。おそらく当時の日本の小麦も現在と同じく弱小のグルテンだったと考えられ、生地を強く搗いてしまうとグルテン形成を阻害してしまうからだ。

塩加減について「料理物語」では、夏は塩1升に水3升、冬は塩1升に水5升とあり、今に伝えられる「土三寒六常五杯」（手打ちうどんの塩加減の古くからの口伝）の元となったのかもしれない。江戸期の製塩は、海浜に竈を設けた小屋「塩屋」で濃縮した塩水を煮つめて作った白塩（和名・阿和之保）の他、焼塩、花塩などがある。うどんを打つ場合の塩濃度は、当時の塩は現在の塩に比べて、水分やミネラル成分、その他の含有が多く、塩化ナトリウムの純度がかなり低いため、料理物語に記載されている配合の体積の数値は大きく見えるが、実質の塩化ナトリウムは現在のうどん作りとほぼ同程度の塩の濃度で、夏は高めといった具合である。

その約50年後の元禄10年（1697年）、うどんを打つ様子が描かれた金毘羅祭礼図屏風が製作された頃に刊行された「本朝食鑑」では、うどんの打ち方について次のように記している。

「白く良質の小麦粉を塩水に入れ手で掻き回して揉合わせ、粘堅な平たい丸い餅の形にまとめてから、麺棒で頻りに（何度も）ねじひろげ厚紙様に延ばす。この麺棒には、別に麪粉（むぎこ）を振って材料が粘着せぬようにしておく。それに材料を巻き付け、厚紙様のものが軽薄になるまで圧延（おしのば）し、三・四重に畳み、これを端から細かに切って、長さ一・二寸余の筋条（すじ）を作る。熱湯で煮熟しても極めて軟らかで断（き）れないものを好しとする。」

驚くほど現在の打ち方と同じ製法であり、茹でたうどんは柔らかく、しかし切れないものが良いという評価基準も現在に通ずる。すでに手打ちうどん製法は完成の域に達している。このことから、同時期に描かれた金毘羅祭礼図の「捏ねる」「延ばす」「切り落とす」の三つのうどん製法のポイントをついて描かれていることに納得がいく。

また、茹で方・食べ方については、「熱湯中に、酒一盞（さかずき）・梅干し一箇を和して煮熟すれば、極めて軟らかで断（き）れないものである。取り出して洗浄してまた熱湯に浸し、垂れ味噌汁（後述）・堅魚（かつお）汁・胡椒粉・蘿蔔（だいこん）汁などを付け、温かいうちに食べる。」とある。酒はともかく、梅を茹で湯に入れるのは、理にかなっている。

天然水（特に地下水）は、雨水が土壌を通過するなどにより、重炭酸塩としてカルシウムやマグネシウムなどを含有している場合がある。この水を煮沸すると炭酸ガスを放出して炭酸塩となり、強いアルカリ性を示す。アルカリ性の水はグルテンを一部溶解し、麺の煮崩れを起こす要因となる。それを梅の酸性で中和することになり、理にかなっている。

金毘羅参詣道のうどん打ち職人は大坂から渡った可能性が

江戸期の大坂のうどんの記録は、慶長年間（1596年〜）か寛永年間（1624年〜）の頃の作成とされ、大坂城と大坂の町の賑わいを描いた「大坂市街図屏風」に、女性が麺の生地を麺棒で延ばしている様子が描かれている。金毘羅祭礼図が描かれるより70年〜100年近く前にすでに、大坂市中で麺売りの商売が存在していた。また、17世紀前半（1657年以前）、大坂の木津川河口の港、三軒屋にあった遊里の賑わいを描いた屏風「川口遊里図屏風（かわぐちゆうりずびょうぶ）」には、丁髷（ちょんまげ）を結った男が座って麺棒を使って麺生地を麺打ち台の上で大きく楕円形に伸ばしており、その横で折りたたんで包丁で切り落としている図が描かれている。

どちらの屏風図も年代からみて、そば切りではなくうどん打ちを描いたものと思われる。また、屏風の左右を横断するように描かれている川を埋め尽くす大小の船は、「出船千艘、入船千艘」と言われた水都大坂の活況の勢いが伝わってくるようで、四国や九州からの廻船が絶え間なく出入りしていたという。

さて、江戸は旧来から栄えていた都市ではない。徳川家康が江戸に入府した天正18年（1590年）当時、江戸は葦や萱が茂る湿地帯が広がる寒村だったと言われる。江戸城の築城に始まり、江戸の開発計画により日本史上空前の広域に渡る沿岸の埋め立て工事を実施し、江戸中に張り巡らされた螺旋状の大規模な堀（効率的な水運を可能にした）や上水道を作り上げていった。それらが、後に世界一の100万人都市の大江戸を作る基礎となったのだが、その多大な労働を担う人夫や、江戸の経済を担った商人は徳川家の本国の三河、遠江・駿河や上方（大坂や京都をはじめとする畿内）から多くの人々が江戸へ移住した。その結果、うどん圏の彼らが江戸にうどん食を持ち込んだと考えられている。

江戸の麺はそばと思われがちだが、実は寛延（1748～1751年）頃まではうどんが中心だった。宝暦（1751～1764年）頃から「うどん、そば切り」を食べさせる麺屋ではなく、本格的なそば屋が江戸に登場したとの説が有力である。そのうどん飲食が盛んな大坂から、うどん打ち職人が賑わう金毘羅街道へやって来たことは十分考えられる。

また、金毘羅祭礼図に書かれているうどん屋の軒に吊るしてある招牌（図表10参照）が、「守貞謾稿（もりさだまんこう）」に記録されている外観とほぼ同じであることは興味深い。「守貞謾稿」は、喜多川守貞が、天保8年（1837年）から約30年に渡って、大坂・京都・江戸の風俗や物品を図示し説明書きをした一種の類書である。この書に金毘羅祭礼図に描かれているイカ状の招牌とそっくりな図が描かれていて、「寛文（1661～1673年）の初め頃は、江戸の温飩屋の招牌はこの形だった。看板の周り（縁）に青紙を貼った。今は三都（大坂・京都・江戸）では使われていない」とある。また、「元禄及び享保の図はこれ（図表10の左側の長方形の招牌）である」とある。金毘羅祭礼図屏風の製作は、元禄年間（1688～1704年）の末期頃とされているが、守貞謾稿によるこの招牌の記述だけから判断すると、イカ状の招牌が書かれている金毘羅祭礼図が描かれたのはもう少し以前の寛文の頃だったのかもしれない。

これらのことから、大賑わいの金毘羅街道での商売繁盛を求めて大坂近辺から、うどん打ち職人が来ていた可能性はかなり高いと思われる。ただ大坂近辺からうどん打ち職人が来ていたとしても、その製麺や調理

【図表10】江戸時代のうどん屋の看板

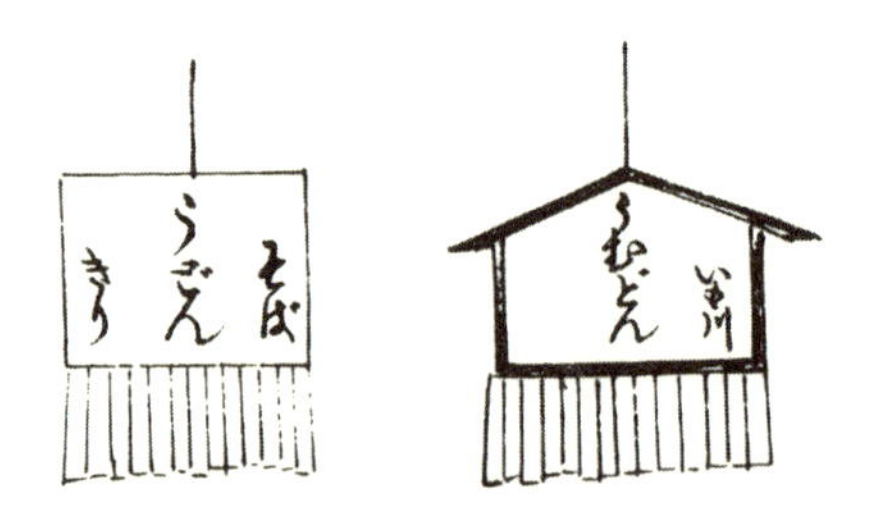

喜多川守貞が江戸時代の江戸・京・大坂の街のさまざまな風物を描き残した「守貞謾稿」には、当時のうどん屋の看板類のスケッチも残している。上の図はその一つで招牌と言われるもの。店頭に下げて店の存在を知らせる。イカの足のようなものを下げているのが特徴で、このような招牌は金毘羅祭礼図のうどん屋にも見られる。

方法が讃岐の地に根付いたかどうかはわからない。そのままうどん商売が存続して讃岐国に広まっていったのか、あるいは農民が独自に日常食の団子状の小麦粉食から、延ばして切り落とすうどんを打つようになっていったのかは不明である。

江戸時代前期のうどんのつゆの味は

前出の「本朝食鑑」には、うどんは味噌を基にした垂（たれ）味噌の汁、鰹汁、胡椒粉、大根汁等につけて食べる、とある。

当時の金毘羅参詣道のうどんも、それらのつけ汁で食べていたのではないかと思われる。江戸初期に刊行された「料理物語」には「垂れ味噌は、味噌一升に水を三升入れて、揉みたて、袋に入れて漉して垂らす」とある。また、「煮貫（にぬき）」として「味噌五合、水一升五合、鰹ぶし二本入れ、煎じて袋に入れて垂らす。汲み返しては、三遍濾（こ）すとよい」とある。

いずれにしても、江戸初期から18世紀初頭までのうどん、そばのつゆは畿内も江戸も垂れ味噌をベースにしていたとする説が有力である。味噌を漬け込んで発酵・熟成させた時に出てくる黒っぽい「たまり」は必ずしも味噌味ではなくうま味が強いとされるが、当時の垂れ味噌の味がどのようだったのか興味深い。

醤油については、当時、食文化の先進地である上方（大坂、京都をはじめとする畿内）から、醤油や酒その他、食材の多くが江戸へ送られた。上方から江戸へ運ばれる醤油は「下り醤油」と呼ばれ高級品とされていた。醤油生産の先進地、龍野（兵庫県）で薄口醤油が作られ始めたのが寛文6年（1666年）、銚子（千葉県）で色の濃い醤油の製造が始まるのは、ちょうど「本朝食鑑」が刊行された元禄10年（1697年）。当時の醤油製造は初期段階で高額のため、うどんやそばなどの食べ物には未だ使われていなかったようだ。香川県の小豆島で醤油製造業が始まるのは18紀末期の寛政年間（1789～1801年）で金毘羅祭礼図屏風が製作されてから約100年後のことである。醤油ベースのつゆが普及するには、各地域の醤油の生産がさらに充実し、品質が向上してかつ廉価になるまで待つ必要があった。これらのことから、金毘羅祭礼図屏風が製作された頃のうどんのつゆは、垂れ味噌がベースだったのではないだろうか。

さて、その金毘羅信仰の興隆は一夜にしてできたものでなく、長きに渡る金毘羅側から朝廷や幕府への積極的な働きかけ、政治的なアプローチがあった。「町史ことひら」によると「民衆、諸国大名衆のみでなく、朝廷に仕える公家衆にも金毘羅大権現に心を寄せていた人々の存在があり…」とあり、幅広い階層に信仰が浸透していたことがうかがえる。

例えば、元文元年（1736年）には「洛中（京都）で疱瘡（感染病）が大流行しているので桜町天皇（当時16歳）が罹患しないよう祈祷してほしい」旨、大典侍殿（天皇の世話を担当する官職）から内々の依頼を受けて、金毘羅大権現と縁の深い松尾寺金光院住職の宥山が祈祷を執り行っている。

朝廷と金毘羅宮との関係はその後、より密接となり「宝暦10年（1760年）、朝廷より金毘羅大権現を日本で一社とみなす」旨を下賜され、安永8年（1779年）には幕府祈願所の地位も得ている。

こうして、金毘羅大権現の名は権威を持ち全国に広がっていったのだが、その急激な信仰の広がりを「流行神（はやりかみ）」ととらえる歴史研究者もいるほど、全国に爆発的な広がりを見せた。こうした朝廷との関係とともに、前にも少し触れたが、漁民の間に昔からあった、龍神（海を司る神）の信仰が金毘羅信仰と結びついて、金毘羅信仰は航海守護の神として受け入れられたとの説がある。この船乗りの信仰により、急速に広域に広がったとも言われる。

金毘羅信仰は実にいろいろな性格を持つ。金毘羅の霊験が喧伝され始めると、大願成就、病気平癒祈願など一生に一度は金毘羅参りに行きたいと、広く他国の庶民を集める人気を得るに至った。享和2年（1802年）から文化6年（1809年）にかけて刊行し、大人気を博した「東海道中膝栗毛」に続いて、版元は文化7年（1810年）に「金毘羅参拝　続膝栗毛」を刊行している。庶民の金毘羅参詣が盛行した当時の全国的な旅行ブームが背景にあり版を重ねた。

こうして年代ごとに眺めてみると、賑わう金毘羅参詣道が金毘羅祭礼図（元禄年間（1688

~1704年〉）に描かれ、その約80年後に、朝廷、幕府から特別に高い地位を与えられたことにより、さらに金刀比羅宮の宗教的、政治的地位が高まった上に、江戸中期から盛りあがる庶民の参詣ブームに沸いた金刀比羅宮界隈の賑わいは、18世紀初頭から江戸末期まで170年を超えて続いたことになる。その間、長きに渡ってさぬきうどんは、参詣道で提供されてきた可能性がある。

飲食の大衆化とさぬきうどん屋の登場

金毘羅信仰の全国的な広がりと圧倒的な信仰者の多さと社会階級の層の厚さは、金毘羅社の政治力の表れでもあり、讃岐国に入府した大名・生駒氏、松平氏の保護があったからこそとも言えるだろう。また江戸藩邸に勧請された金毘羅社を基に江戸の流行神となり、金毘羅詣でへと庶民の心を惹きつけた。それら金毘羅信仰による参詣の賑わいが、訪れる人々に食事を提供するさぬきうどん飲食業の出現につながっていったのであろう。

飲食（外食）をしなければならないのは、旅に出た時である。世界的に見て、都市部で専門の料理屋が出現し外食できるようになるのは近代、18世紀以降である（中国は宋代との説がある）。それまではその国の料理の技術を継承し、高めていったのは専門の調理人を雇い入れることができた宮廷や貴族、寺院の台所だった。政治の変わり目、政権の崩壊によって、彼らが市中に出てそれらの技術が庶民に広がることになる。

また、庶民が外食できるためには、戦さのない平穏な社会と政治、ある程度の職業の自由、貨幣経済の発達など市民（町民）社会の成熟と、活性化した経済が必要であり、日本においてはうどん屋、そば屋、すし屋などの庶民の飲食店が大きく発達した江戸中期から後期にこれらの条件が満たされていたとみることができる。

さらに、全国の寺院の参詣道にうどん屋やそば屋が多いのは、大陸から伝わった仏教文化の一部としてその食事内容とも関係がある。動物性の食材を禁じられている寺院の生活では、精進ものの中でも、たんぱく質の摂取源として豆腐（大豆）、湯葉（大豆）、麩（小麦）等が重要な食品だった。水車、石臼という穀物などの挽き道具が寺社近くに設置されていたのはこのことと関連している。これらの食べ物の調理方法や食べ方は寺院を中心に発達し、やがて寺院の門前町にこれらを商いとする飲食業者、加工業者が現れ、民衆の飲食としても広まった経緯をたどったであろう。金毘羅参詣道のうどん屋の出現は、先述の参詣客向けの外食としての要因に加えて、こうしたことも背景にあると考えられる。

その後の江戸中期から末期の18世紀から19世紀には、金毘羅界隈でさぬきうどんが旅人や寺院の食事として徐々に広がっている様子が、讃岐の旅路での飲食の随筆や寺院の記録に描かれている。

まず、象頭山松尾寺金光院での延享4年（1747年）の食事の記録にうどんが出てくる。これは、寺院の供食として小姓頭や寺社奉行、用人に出される、正式の食事の後の軽い食事である。うどんは、いわゆる湯だめうどん的な食べ方で、「からし、こしょう、汁」につけて食べるとある。江戸時代には、胡椒は「女房に悋気（本妻の嫉妬）、うどんに胡椒はお定まり」と囃されるほどうどんの代表的な薬味だった。

さらに前出の「町史ことひら」には、「伊勢参宮覚」（1845年）も紹介されている。これは、江戸から伊勢参宮、金毘羅参詣の後、大坂、京都を経る約3ヵ月に及ぶ道中記が描かれている読み物である。旅の先々で各地の食を楽しむ日々を記述している中で、一行は金毘羅参詣や四国札所巡り等、讃岐の7日間の滞在中、うどんを6回とほぼ毎日あちこちで食べていることが書かれており、当時から〝讃岐のうどん〟はすでに、名物的存在だったことがうかがえる。

こうして見ると、さぬきうどんの普及と発達に必要な条件のうち、4つ目の「旺盛な需要」は、18世紀の江戸期の金毘羅参詣道で生まれたと言えよう。7世紀頃の宮廷、寺院の上級階層が食べた、小麦粉を加工した索餅や餺飥とは別に、いよいよ現代に通ずる庶民のさぬきうどん飲食が登場したのは、まさに江戸中期の金毘羅参詣道においてだろう。

ここに、讃岐で「うどん路面飲食店」が初めて出現したことになる。とはいえ、これは飲食業としてのさぬきうどんであり、貨幣を持たない讃岐の農民、いわば庶民の食としてのさぬきうどんではない。うどんの製麺技術が讃岐の庶民にいつ、どのように伝わったのか。現在のところ、それを明示する史料、史実は見当たらない。

江戸期から近代の小麦製粉と、讃岐の水車の盛衰

江戸期の讃岐の水車

日本における石臼（碾磑）と水車はすでに述べたように、7世紀頃に大陸から伝来したと言われているが（曇徴説）、その後石臼は奈良時代から鎌倉時代までの約500年間記録がなく、水車機構の技術の発展は欧州に比べて随分遅れた。それは、日本人の主食が米、大麦、粟、稗などの穀物を粒のまま食べる粒食であり、小麦の粉食は普及せず粉砕技術の必要性が少なかったことが大きい。

ヨーロッパでは、「水車（及び伝導装置）」「車輌」「時計」の技術と生産が近代機械工業の母体となったと言われているが、日本でのそれらの未発達は、当時の機械産業全体の未発達を物語っているという指摘があることは興味深い。近代における水車の盛衰を見る時、水車動力は

穀物の粉砕だけではなく、むしろ工業用途の方が台数も馬力数も大きいことに留意しておく必要がある。例えば、紡績工業、製材・木製品加工、金属製錬などの用途である。しかし本書では、「農村の水車・穀物の粉砕」に中心を置いて述べていく。

さて、香川県の水車利用の歴史をまとめた「讃岐の水車」（峠の会）によると、それに記録されている水車のうち、古いものは江戸時代以前から開設されたと伝えられる高田水車（現・高松市上天神）、江戸初期に設置されたという平池の下車（川の下流に設置された水車＝現・香川町浅野）等がある。平池の下車は、高松藩松平家の菩薩寺として法然寺（高松市仏生山町）が建立され、ここに奉納する素麺の小麦粉を挽いたと伝えられる。

讃岐における水車開設の記録は、江戸後期の天保年間（１８３０～１８４４年）以降が多い。前述のように、江戸近郊では江戸中期１６００年代後半には、粉屋としての水車が存在し、１７００年代前半に江戸で増加する麺消費等の小麦粉需要拡大につれて発展していったが、それに対して讃岐における水車の普及は江戸に遅れること約１００年である。

江戸において江戸前期から中期にかけてほとんどの水車は、御用車（藩が管理）か寺車（寺院が管理）であり、讃岐でも同じだった。川や用水路は、飲料用や水運として生活と経済の基盤であるとともに、藩政あるいは江戸幕府の基礎となる稲作のための重要な社会基盤設備であったからだ。また、それら水車の修理や保全管理には相当の財力を必要とした。そのため、江戸中期に粉屋が出現したということは、御用車、寺車が次第に財力のある農民、商人に売却されたことを意味している。

江戸末期になると、讃岐における実際の水車運営は地主、資産家に移っていった。水車に詳しい杉村重信氏によると「滝宮神社社頭隋神門前の玉垣の奉献者名の中に『中車力蔵利兵衛』『上車留蔵』という銘石があり、これは文久3年（1863年）の建立なので、寺車でありながら、実際は個人経営になっていたのではないか」との指摘もあり、藩や寺社と賃貸契約か、代行契約か、出来高支払いだったのか興味深いところではある。

高松市郊外に日本国内最古級の「高原水車」がある。これは、江戸末期に高松藩の御用水車として開設されたと伝えられる。これを、明治35年（1902年）に高原家が買い受け、父の高原忠雄氏から引き継いだ姉妹の平田恵美さんと堀家みどりさんが、現在、その水車の動態保存に向けて地元の方々、水車研究の専門家、学術研究者の方々と「高原水車友の会」を結成し熱心に取り組んでおられる。私も微力ながらお手伝いさせていただいている。

そして平成28年（2016年）1月、その高原水車と関連用具が、国の文化審議会の答申によって登録有形民俗文化財に認定された。その後平成30年（2018年）3月、前出の平田さん、堀家さん姉妹の熱心な取組みによって、九州の水車大工の手で水車が復元し、現在水しぶきを上げて回っている。

江戸期に讃岐で作られた御用水車は、明治に入って財力のある農家や地主等に次々と売却されていった。彼らは水車への投資を回収するため、近辺の人々から小麦などの挽き賃や、小麦と小麦粉の物々交換（替え粉）等で収入を得た。

農村産業機構史によれば、水車製粉は主として江戸時代中期以降に始まり、水車を所有する農家が登場した。次第に水車を所有する農家が他の農家の依頼にも応えるようになり、製粉を副業とするところが多くなった。やがて農家をやめて水車専業となるところも出てきた。しかしながら、明治になってからも農家の副業としての水車は少なくなかったと同書には記されている。

ここで、近代の小麦製粉の歴史を辿ってみよう。

明治以降の小麦製粉の発達

明治6年（1873年）、東京市浅草区蔵前の米庫内に輸入石臼製粉機を据え、官営の輸入石臼製粉工場が設立された。動力は水車ではなく蒸気である。輸入石臼製粉機1台の小麦粉生産能力を計算してみると、24時間で1320kg、1時間あたり55kgの製粉能力。2台設置されたので、この倍の小麦粉生産能力だった。これが、日本の機械製粉工業の起点となった。

石臼機でなく、近代的な新技術ロール製粉の始まりは、明治17年（1884年）から稼働した札幌の官営製粉工場（後に民間に売却され、後藤製粉所となる）だった。同工場は、米国から初めてロール式製粉機（基本的な機構は現在のロール機とほとんど同じ）を導入。能力は24時間で４４００kg、１時間あたり１８３kgの小麦粉生産量で、石臼製粉の３・３倍にアップした。これが、日本におけるロール式製粉工場の始まりである。

しかしその後、石臼機、ロール機製粉工場を合わせた機械製粉工業の生産量は増えず、徐々に水車製粉から機械（ロール）製粉へと移行するものの、その発展スピードは遅かった。農家の副業での水車製粉と、手回しの石臼による自家製粉で需要のかなりの部分が賄われたことで機械製粉事業としての成立が難しかったと思われる。

明治29年（１８９６年）に英国人の下で長崎製粉（ロール機の製粉工場）が新たに稼働を開始したが、その頃でもまだ水車製粉が日本の小麦粉供給シェアの89％を占めており、機械製粉は４％に過ぎなかった。その後徐々に機械製粉の生産量は増大するが、それでもまだ明治38年（１９０５年）で12％に過ぎず、水車製粉小麦粉は56％、輸入小麦粉が32％。明治41年（１９０８年）にようやく水車製粉小麦粉のシェアは41％、機械製粉小麦粉は49％となり、この時点で水車製粉の生産量を機械製粉が上回った。米国・欧州に比べて、日本では水車製粉の時代は長く続いた。

その理由として、食文化の観点から以下の点が挙げられる。米国・欧州のパン用小麦粉は、小麦の皮部やその内側のアリューロン層の部分が入るとパンの膨らみを阻害するため、胚乳部を中心としたたん白量が多い白い小麦粉に仕上げる機械式ロール製粉方式が発達した。しかし日本では、グルテンのつながりがある程度強く麺が切れなければ良く、多少皮部の粉が入っても安価な石臼挽き小麦粉で十分だったのである。また機械製粉工場には大きな資本投下が必要で、明治期後半には札幌・東京・埼玉・群馬・兵庫に大規模な機械式ロール製粉工場が作られたが、地方ではまだまだ小規模の水車動力の石臼製粉が主体であった。

明治33年(1900年)と現在のうどん用小麦消費量の比較

ここで、小麦の消費量を、現在と明治33年(1900年)を比較する。

国の調査によると、水車製粉石臼挽き小麦粉(以降、水車粉という)の生産量は、明治33年が最高で25万7115t(1156万1000袋：1袋＝5貫900匁)である。小麦換算すると約36万t(歩留73%として)。明治33年の日本の推計人口は4384万7000人であり、小麦(注：小麦粉ではない)の消費量は1人あたり年間約8kgとなる。当時の水車粉の用途の大部分は、麺類(うどん)と団子用に使われた。

一方、現在の日本めん用(うどん・素麺等)の小麦消費量は、農林水産省によると平成21年(2009年)度で、輸入小麦と国内産小麦を合わせて総計56万tと発表されている(そのうち、国内産小麦は約34万ｔ）。

平成21年の日本の人口から試算すると、日本めん用小麦の消費量は１人あたり約４・４kg。数字上でざっくり見ると、明治33年の日本人は現在のほぼ2倍量の小麦を日本めん用（うどん、団子など）として消費していたことになる。なお、明治33年は、その5年前の明治28年（１８９５年）に日清戦争に勝利した後、迫る日露戦争（１９０４年〜）に向けて食糧の増産に国全体が動いていたことも考慮する必要がある。日清・日露戦争では、携帯性に優れた乾パンやビスケット類が大量に消費されたが、その原料はもっぱら米国の薄力粉が使用された。それらは機械式ロール製粉で小麦粉加工されたと思われる。

ちなみに、当時の小麦粉1袋の内容量は、機械製粉と輸入小麦粉は5貫９００匁（約22kg）、水車粉は1袋16貫（60kg）だった。現在の日本の業務用小麦粉は1袋25kgが基準である。

明治期の水車の能力

明治期の水車の石臼の大きさは、直径1尺5寸（約45cm）から2寸（約60cm）である。24時間稼働で、1台の石臼あたり平均で小麦5俵（３００kg）の粉砕能力だった。この量は、わかりやすく言えば、茹でうどん1杯２２０ｇとして、約２５００杯分のうどんの量である。12時間稼働なら１２５０杯分。1時間かけて石臼を挽いて、約１００杯分のうどんの小麦粉ができることになる。

規模の大きい水車ではこれを5～8台の石臼とヤッコ（振動篩（ふるい））を連動したが、それでも粉砕能力は8台稼働24時間で２４００kgに過ぎない。ほとんどの水車は1～2台の石臼を回しており、日本中の河川で数多くの水車が回っていた。日本人が持つ、農村でゆっくり回るのどかな水車のイメージはここから来ているのだろう。

明治～昭和初期の香川県の水車台数と小麦生産量

ここで、水車の稼動率（年間の稼動日数）を計算してみる。

陸軍参謀本部が明治11年（１８７８年）から13年（１８８０年）まで調査した全国の水車に関する統計がある。それによると、明治11年９２０３台、明治12年９７９５台、明治13年９９９５台である。これに、各年の水車粉の生産数量から1台あたりの小麦の粉砕量を計算して、水車1台あたりの3年間の平均をとると、年間18・５ｔになる。

水車1台に石臼1台として、前述の加工能力を基に試算すると、石臼1台あたり平均の実稼動時間は年間１４８０時間である。1日12時間稼働とすると１２３日分、年間4ヵ月強の稼動ということになる。冬期に凍結などにより水車を回せない地域や田植え時に水車を回せない期間を考えると、これくらいの水車製粉の実稼動率だったのかもしれない。

同じように、香川県の小麦生産量と同時期の日本の水車粉のシェア（機械製粉との比率）を基礎にして、当時の水車の粉砕能力を適用して水車と石臼の台数を計算すると、香川県内の石臼の台数は、明治16年（1883）年～25年（1892年）で525台。明治26年（1893年）～35年（1902年）で518台となる。

計算上では、おおよそ香川県では500台程度の水車が回っていたことになる。ちなみに、国の統計調査によると、昭和10年代後半（1940～1944年）に、全国で4万台余りの水車が回っていた。明治13年から約60年間で水車の数は約4倍に増加している。

香川県産小麦の生産量に目を移すと、明治中期以降、さらに増加を続けている。特に、昭和4年（1929年）から昭和13年（1938年）の9年間の生産量がそれまでほぼ一定の増加率を上回って急速に増加し、生産量は実に年間4万7530tまで増え、10年で40％の増加という大きな伸びを示している。最近（平成28年〔2016年〕度）の香川県産小麦、さぬきの夢の約10倍の収穫量（作付面積は約12倍）である。

しかし、実はこの時期は「農村恐慌」と呼ばれる時代だった。第一次世界大戦による好景気をきっかけに、大正3年（1914年）から昭和3年（1928年）頃までの約15年間好景気時代が続き、農産物の需要は大きく伸びて価格も上昇したのだが、作付面積拡大が進んだ結果、供給過剰となり、経済の失速と相まって米を含めた農産物の価格は暴落した。これに対し、昭和7年（1932年）、国は農山漁村経済更生計画を打ち出し、香川県もその計画を基に町村ごとに経済再生委員を置いて対策を講じている。

また、昭和4年（1929年）からの10年間は、日本、世界が大戦に突入していく不穏な時代だ。昭和4年、アメリカのウォール街大暴落をきっかけとする世界恐慌、昭和6年（1931年）満州事変、昭和8年（1933年）日本の国際連盟脱退、昭和11年（1936年）2・26事件、昭和12年（1937年）盧溝橋事件がきっかけで日中戦争勃発……そんな時代である。農村恐慌、過剰在庫にもかかわらず作付面積が急速に増加していったのは、市場経済の需給バランスではなく、戦争に向かう情勢下、国の食糧政策で推進された穀物の生産拡大だった。小麦・小麦粉を朝鮮半島、中国大陸へ移出したのである。

【図表11】香川県の小麦生産量と、県民1人あたり小麦の収穫量の推移（明治時代中頃から昭和初期まで）

年　次	人口（人）	小麦の作付面積と収穫量			県民1人あたり小麦収穫量（kg）	年間うどん換算（220g／玉）
		作付面積（ha）	収穫量（t）	単収（kg）／10a		
1883～92年（10年平均）	660,236	8,358	9,707	116	14.7	126
1893～1902年（10年平均）	706,262	9,588	14,400	150	20.4	175
1904～12年（9年平均）	729,989	12,356	21,956	178	30.1	258
1913～22年（10年平均）	677,852	13,870	30,140	217	44.5	382
1923～28年（6年平均）	710,442	14,017	34,267	230	48.2	414
1929～38年（10年平均）	764,779	18,550	47,530	256	62.1	534

※人口はできるだけ平均年数の中央に近い年の人口を採用した。

資料：吉原食糧㈱

図表11に、香川県産小麦の1883年(明治16年)〜1938年(昭和13年)の生産動向を6年から10年ごとに分けて表にした。より身近に数字が感じられるように、小麦をうどん玉(220g)に換算した数値を右端の列に載せた(県民が食べた年間うどん量ではない)。

日清、日露戦争の頃、香川県民1人あたりの小麦生産量は全国平均の約2倍

日清戦争(1894〜1895年)、日露戦争(1904〜1905年)の戦時の増産体制や第一次世界大戦(1914〜1918年)による好景気によって、図表11のごとく香川県の小麦生産量の伸びは著しい。それらの戦時の増産体制下を避けて、1883年(明治16年)〜1892年(明治25年)の小麦の収穫量を見ても、香川県民1人あたりの小麦生産量は、全国平均のほぼ2倍になっている。

この頃、ほぼ全量が自家消費であったろうから、地主に納める年貢分を除いても相当量の香川県産の小麦粉を県内消費していたと考えられる。したがってさぬきうどんの母体である讃岐の小麦粉食文化は、明治中期辺りから、小麦の急速な生産拡大をベースにして農民の間で広がったことが考えられる。ただし、このことは「さぬきうどん食」に直結はしない。後述するが、明治中期はまだ団子やすいとんとしての小麦粉食だったろう。

明治後期からの香川県における小麦生産量の増大は、日本の機械製粉産業の興隆の時期とほ

ぼ一致する。日本の機械製粉（ロール式）産業は大正期に入って、それまでの水車製粉に代わってさらに小麦粉生産量シェアを増やしていく。

第一次世界大戦時の日本経済の好景気を背景に大正7年（1918年）には、機械製粉のシェアは84％に達した。こうして日本は大正期中頃に、郊外の川沿いの水車製粉から、港や町に立地する機械製粉に切り替わっていった。その流れは讃岐にもほぼあてはまり、県内の水車の全盛期は、その設置台数から明治初期より中期と推定され、大正10年（1921年）頃から水車の新規増加数が一気に縮小する。図表11のように、香川県産小麦の収穫量が3万tを超える規模に達するのに応じて機械製粉が台頭した。さらに太平洋戦争後、生産能力が低い水車の数は急速に減っていく。そして昭和30年代に、讃岐の水車はほぼ姿を消すことになるのである。

明治35年（1902年）、蒸気動力の吉原精麦工場開設

明治期の香川県の麦加工について当社の例を見てみる。

私の生業の吉原食糧の前身「吉原精麦」は明治35年（1902年）に坂出港に近い坂出市福江町（ふくえちょう）古戦場（こせんば）（現・青葉町）で創業した。日露戦争の2年前である。工場は川沿いの水車動力ではなく蒸気動力による精麦・製粉工場だった。

亡父・義男は、工場のある地名「古戦場（こせんば）」という名称は、坂出村（当時）の〝津の山〟東麓

に置かれたという「口銭場（こうせんば）」（高松藩領内17ヵ所に口銭場が置かれ、通行する商材に対して口銭を徴収していた）が後世に書き換わったのではないかと言っていた。江戸期に坂出港の興りとして、塩田の築造によって精製された塩の積み出しや石炭の荷揚げ等が行われた船だまり、沖湛甫（おきたんぽ）が作られており、江戸期から坂出では海運と連結した商業が始まっていた。

吉原精麦は、裸麦を押麦（大麦を精白した後、加熱圧偏したもの、麦飯用）に加工し、坂出港から京阪神・山陰・東海道・北海道へ、また国策に沿って朝鮮半島にも移出販売した。昭和15年（1940年）、農林省指定工場として、精麦用動力は250馬力、現・広島市宇品の陸軍糧秣廠（りょうまつしょう）及び呉海軍軍需部、航空隊の指定工場として押麦を納入していた。

工場では蒸気で麦を加熱し、大きなロールで圧偏するため、一軒家くらいの大きな赤煉瓦作りのボイラー（燃料は石炭）が設置され、高さ10数mの鉄筋コンクリートの煙突もあり、ともに取り壊す平成7年（1995年）まで残っていた。

戦前の日本の庶民層の日常食は麦（一部の高級階層のみコメ食）の粒食が中心で、粉食市場はまだ少なかったが、吉原精麦では精麦（押麦）とともに、ロール機による小麦製粉も行っており、戦後、製粉事業をさらに拡大した。庶民の食生活はまさにメリケン粉（輸入小麦、主に米国産の小麦を製粉した小麦粉）の時代となり、麦飯からパン・菓子・麺の粉食へと日本人の食生活は大きく変わった。

さて、以上のような水車製粉と機械製粉の流れを見ると、日清戦争、日露戦争、第一次世界大戦を通して近代化する中で、日本の庶民の食生活水準の向上、それに見合う質と量の小麦粉を作れる機械製粉の供給体制が整ったのは大正期に入ってからである。そして終戦後、米国からの小麦供給によって日本の製粉産業は一気に拡大した。

小豆島・肥土山の水車とうどん

前出の「讃岐の水車」（峠の会）によると、「明治42年（1909年）、小豆郡肥土山（ひとやま）地区の水車では素麺を大量に作るようになった」とある。明治期、小豆島の中央を背骨のように流れる殿川（とのかわ）、伝法川には水車が数多く開設されていた。そしてそれらの水車によって、素麺用の小麦製粉も積極的に進められたようだ。当時の水車の分布図を見ると、殿川流域の中山、肥土山の両地区には集中して57基もの水車が設置されていて、小豆島素麺の歴史を感じさせる。

素麺は、生地を延ばして極細に仕上げるもので、うどんのように切り落としではなく細く延ばしていくため、作業時間が長い。素麺づくりは、夜中の2時頃に起きて、延ばし棒で出具合（でぐあい）（生地のグルテンの延び具合）を見ながら、7丈、8丈と延ばして日の出の時には干す状態にしなければならない。重労働であるが、明治期の記録では香川県内で小豆島、仏生山、仲多度郡などで、現金を得るために農家の副業としていた。

昭和10年頃の小豆島土庄町肥土山のうどんに関する話を同地出身の女性から詳しく聞いた。肥土山は現在でも地元の人たちが演じる肥土山農村歌舞伎が毎年催されることで有名である。その女性は昭和3年（1928年）生まれ、今年90歳。小豆島肥土山の実家のすぐ裏を殿川が流れている。「昭和30年代後半頃まで殿川の〝さかえ橋〟を渡って右に上がったところに堰(せき)があり、そこに小さな水車小屋があった。小屋の中はうろ覚えで搗(つ)き臼があったように記憶している」という。

その近所で素麺の製造・販売を行う㈱甚助の佐伯有一社長によると、当時は挽き臼と搗き臼の両方があったそうである。水車動力で米を搗き、石臼で小麦を挽いていたということだ。

前出の「讃岐の水車」（峠の会）によると、「明治45年（1912年）には土庄町肥土山地区の水車では素麺を大量に生産するに至った。大正3年（1914年）、肥土山及び隣の中山地区の製麺同業組合では、麺の品質向上を図るため、模範となる水車業者を選んで小麦研磨機を据付け、一層の改良を図った」とあるように、殿川沿いは石臼製粉による小麦粉生産地帯であり、肥土山近辺が素麺の産地になっていたことがわかる。

ちなみに、75ページで紹介した高原水車に設置してある古い製麺機の銘板には「佐竹製鐵所　香川県小豆郡大鐸村(おおぬでむら)大字小馬越(こうまごえ)」という記載があった。小馬越という場所の鉄工所は前述のさかえ橋のすぐ近く、黒岩（地名）上の瀧湖寺(りゅうこうじ)辺りにあったのではないかと推測する。今は残念ながら鉄工所の跡形もないが、その当時、小豆島内陸部に製麺機メーカーがあり、島外に販売するほど肥土山地区は素麺の生産、製麺業が盛んだったということである。

さて、手延素麺ではなくうどんの話であるが、私が話を聞いた先ほどの女性は7、8歳（昭和10年）の頃、お祭りの時などに近くの岡所（おかんじょ）（地名）の農家に笊籬（いかき）（竹で編んだ籠（かご））に小麦を入れて持って行き、うどんに製麺してもらって持って帰る役割をしていたという。

その農家の主は、一升桝や五合桝で小麦の体積を量って、それに見合った手持ちの小麦粉を取り出して量り、（塩）水で練った後、製麺機を操作して製麺する。つまり、副業として製麺をやっていた。その農家の主は受け取った小麦を水車製粉の粉屋に持っていき小麦粉と替えてくるのだ。まさに「替（かえ）っ粉（こ）」（香川県の方言：交換することを子供言葉で〝かえっこする〟と言う）である。

製麺機は、その農家の土間の片隅に置いてあり（前述の佐竹製鐵所製のものだったかもしれない）、製麺作業は子供だったその女性も一緒に手伝って作業した。タライに小麦粉を入れ、塩水を加えて混ぜ合わせるのは農家の主がする。製麺機は電動ではなく手動である。ロール機のシャフト（ギア）に、取っ手が付いた鉄の輪（大きなハンドル状）が付いていて、子供の仕事は、両手でその鉄の輪を回してロールを回転させることだったという。おそらくギア比によって少ない力で回転をロールに伝達したのだろう。

農家の主の仕事はロールで締められて帯状になった生地を折りたたみながら、何度もロールに通して麺帯にする役目。ロールで何回か圧延した後、落ち口に〝切り歯〟をガチャッと（その女性は、その金属音が強く印象に残ったらしい）取り付け、適当に麺が垂れ落ちてきたところで、おじさんが包丁をスパッと横にはらって切り落としたという。

この製麺方法は、後述の三木町出身の山本繁氏の思い出の手記と時期も内容も一致する。このように大正末期から昭和10年頃には、手動製麺機で作るうどんを、いわゆるハレに日などに年に何回かは家庭で食べていたようである。

食べ方は、大釜で茹でたうどんを井戸水でよく洗い、湯の入った瀬戸物の大鉢に入れて（湯だめうどん）、家族で煮干し（イリコ）出汁のつけ汁で食べた。それはなんともおいしく今でも思い出すとその女性の方は語る。薬味はネギと生姜のみ。しかし、うどんを食べる回数は年に何度かで、その回数は少なかったという。

さぬきうどんが〝庶民の食〟に

さぬきうどんはいつ〝庶民の食〟になったのか。

土地を持たない小作農の比率が全国的に見ても多い、香川の明治期から大正期の大地主制。それが小麦食を香川に深く根付かせたという観点から見ていく。

明治から大正時代、自作農没落・小作農急増と小麦生産

江戸時代からの讃岐の農民の生活は裸麦を常食としていた。連年の干ばつにより飢饉が発生し餓死者が出るなど追い込まれた農民はムシロ旗を立てて庄屋、質屋、商家等などを打ち壊すといった暴動を起こす事件がしばしば発生した。県内の坂出・丸亀・多度津・宇多津・琴平・榎井・小豆島などで、いわゆる一揆の記録が残っている。

明治6年（1873年）7月、政府は財政安定などを目的に地租改正法を制定した。租税はそれまでの穀物などの現物納付から、土地を対象に地価の3％を貨幣によって納税（金納）することと定めた。地主は年貢で徴収した米を売買し、あるいは自らの土地の年貢分でなくても、米の売買で得た利益の中から国へ納付するようになり、一気に米は貨幣価値が高まり、商品化した。

一方、自分の土地を持つ自作農も収穫後の農作物を販売し、国に貨幣で地租納入をするようになった。しかし、急速に貨幣経済に組み込まれた自作農が、国に地租を金納するために一斉に販売を行うことで一時的に米価は下がり、その損害は少なくなかった。

市場で米価が下がると、地租を払えない中小の自作農は土地を手放して小作農に転落し、地主がその土地を買い取り集積していった。このことは、地主と小作農の間の土地の分配バランスを歪ませ、貧富の差を一層広げることとなり、その後の農民の一揆を引き起こす大きな要因となる。また、小麦生産拡大と自家消費の増加にも関係してくる。

明治22年（1889年）、香川の全農家のうち自分の土地を持つ自作農はわずか15％、土地を持たない小作農と、小作が主の自作農を入れると約70％に達する。このような農家の主体を占める小作農が地主に納める小作料は、江戸期と同じく作柄や作物の市場価格の動向とは関係なく一定量の物納だったため生活は一向に上向かなかった。

そのような生活の中、集落内の農家が生きていくために、農作業や田畑の工事をするうえで生活における相互扶助は自然なことで、田植えを終える半夏生（はんげしょう）（夏至から11日目、7月1日か2日頃）に集落の皆が集まって、収穫したての新小麦で打つ「半夏のうどん」は、その表れだろう。

とはいえ、そうしたハレの日以外は長時間の労働と貧しい食生活を強いられた。

香川県統計書によると、日清戦争が始まった明治27年（1894年）から42年（1909年）までの15年間に高額な小作料や物価の上昇で農地を手放さねばならなくなった自作農家など約1万4000人が香川県から北海道へ移住している。

明治期の小作人の話として、「食べるものは米どころか、麦を炒ってお茶か湯で練って食べる「おちらし」さえ、お腹いっぱいには食べられなかった。挽き割り臼という荒い砂を固めたような臼で挽き割って炊いて食べたり、水と菜っ葉など入れて柔らかく炊いて（量を増やして）食べたりした。その頃、米価が1石8円70～80銭で、1日賃金が12銭くらい。着物を買う金もできず、老人が死んだ時の着物の譲りはとても有難かった。」（香川県農業史）。まさに赤貧であり、このような明治期の農民の窮乏の生活で日常うどんを打つ余裕はなかったであろう。

大正10年（1921年）前後に香川の地主の数はピークに達し、小作地を吸収・集積していくにつれて、自作農の没落と小作農の増大という農民の貧窮がさらに進んだ結果、香川は新潟とともに小作争議が最も激しく行われた地域となった。香川は全国でも有数の地主王国となったのである。日本農業基礎統計によると、大正6年（1917年）の香川県の農家1戸あたりの耕地面積は、わずか5反6畝（せ）（約55・5a（アール）＝74m四方）で、全国平均1町5畝（約104a＝102m四方）のほぼ半分しかなかった。狭い耕地面積の土地に張り付いて生きざるを得なかった香川の農民の貧窮の生活は、律令時代から近代まで続いたことになる。

一方、その負の条件下で生きていくために、農業技術は発達した。香川県農事調査（明治21年（1888年））によると、降雨の少なさから灌漑（かんがい）農業が発達した。香川県の耕地の有効利用率は197%と全国で最高位となり、単収（10aあたりの収穫量）は全国で最も高かった。

これらの不断の努力によって作られた高度の農業技術は、香川県を麦王国と言わしめる基礎となった。ひいては、その後のさぬきうどん興隆の基礎を作ったと言えるだろう。

麦作技術の進展

大正10年（1921年）6月、大川郡津田町で麦年貢の廃止を要求する小作争議が発生して以来、香川県内で小作争議が急増し、小作人組合の設立が相次いだ。その規模と争議の激しさから香川の農民運動は全国で有名になった。それらの争議の結果、この年に県内のほとんどの地域で麦年貢全廃に至った。

大川郡に隣接する木田郡は、現・高松市の東に位置し、三木郡と山田郡の合併により起った郡名である。昭和15年（1940年）1月に発刊された木田郡誌に「麥は米に次ぐ主要農産物にして、古來農家の食料にも用ひられ、裸麥作を主とするものなりしが、大正の末頃より漸く小麦作を主とするに至れり。」と記されている。つまり、昔から農家の食料用に（麦飯として食べる）裸麦を主として作っていたが、大正期の末頃よりようやく小麦を主に作るようになったというのである。また同書には次のように、麦の生産技術の進歩が収量増加に寄与し、今や麦作の良否は農家の生活を左右するとも書いている。

「昔は栽培法のごときも不完全にして、其の収量甚だ少なかりしが、多収穫奨励の為、品種の改良・麥種塩水選・廣蒔栽培法・土入法・施肥増量等を實行するに至りて、著しく其の収量を増加したり。近時販賈法の統制も成り、麥作の良否は農家浮沈の鍵を握るに至れり。」

ちなみに、麦生産の技術的支援をする香川県の農事試験場（農業試験場）は、明治32年（1899年）に創設された。農業試験場の品種選択、小麦の生産技術の開発、農家への技術指導が実を結んで、小麦生産の面からさぬきうどん隆盛の基礎を作ったと言える。現在の香川県産「さぬきの夢」小麦の開発も、この時代からの流れを汲んでいる。

さて、82ページの図表11でわかるように、すでに明治期の香川県全体の小麦生産量は大きな伸びを示しているが、香川県の東部にある木田郡では大正末期から、裸麦から小麦の栽培に切り替わったとあり、明治期にはまだ県内の地域によって小麦生産量の規模に差があったようだ。このことから、香川県全体に小麦生産が広がったのは麦年貢が廃止された大正10年（1921年）以降で、それと同じくして、うどんや団子といった小麦の粉食文化が香川の農民、ひいては民衆全般に広まっていったと考えられる。

昭和10年（1935年）の木田郡の飲食物工業の調査記録によると、農産物の生産額のうち、米が63％、麦が25％を占めており、製粉業は田中村・奥鹿村を中心に随所で営まれ、小麦粉の生産量は県下で綾歌郡・香川郡・小豆郡（小豆島）に次いで4位の小麦粉生産地と報告されている。香川県では昭和期に入って水車の廃業が進んだとはいえ、小麦の生産が多く川の水流に恵まれた地域ではまだまだ水車製粉が稼動していたことがわかる。

明治・大正期の小麦食の実態

明治期から大正にかけての農家では、どのように小麦粉を調理して食べていたのだろうか。明治から大正、昭和の終戦までの讃岐の農家では、米を残すために、その代替として小麦粉を（塩）水で練った団子と、茄子、大根、ニンジンやイモの汁にして食べることが多かった。その団子は丸い固形状のものから、ドジョウ形の太いものまであり、すいとん的な食べ方をしていた。

当時の香川県の農家は、早朝（朝星（あさぼし）が見える頃）から夜（夜星（よぼし）が見える頃）まで野良で働き詰めという厳しい農作業の傍ら、さらに生活の補助として副業も持っていた。麦稈真田（麦わらを平たく潰して真田紐状に編む作業。麦わら帽子などの材料に使われた）や叺（かます）（わらむしろの袋作り）の製造、あるいは小豆島や香川郡仏生山や仲多度郡では素麺の製造、その他、蚕の飼育など、現金収入のための副業もあるという長時間労働の中で、1日4回食事をとる生活だった。府中村史には、明治時代の農家は朝茶、昼飯（10時頃）、茶漬（午後2時頃）、夕食の4度が普通で、日の長い日はさらに「おこびり（午後12時頃）」、夜長の季節には夜食といった5度の食事をとっていたとある。

この生活と経済状況では、前述のように到底、日常的にうどんを打つ余裕はなかっただろう。うどんを手打ちするのは前述した村の集まりやハレの日くらいで稀なことだった。実際、大正生まれで三木町出身の山本繁氏（前出）はさぬきうどんの想い出の手記にこう書いている。「戦前、讃岐では（手打ち）うどんを食べることができるのは、田植えの終わったサノボリと半夏（はんげ）などの、いわゆる〝ハレの日〟に限られていた。」

大正時代から昭和に入っても、香川県内で小麦生産量が多かった三木町でさえ、手打ちうどんは特別な日の食べ物だったということから、まだ香川の農民の日常食ではなく、限られた日の特別なものだったことがわかる。ここで注目すべきことは、「さぬきうどんの手打ち製法」の技術が農村の中で生まれ、培（つちか）われたであろうことだ。さぬきうどんの手打ちの技術は、村人たちが寄り合いの際にそれぞれの打ち方を学びあったり競い合ったりすることで、より磨かれ伝承されてきたと考えられる。

ただ昭和期に入ると、簡易な製麺機械で作るうどんを年に何回かは食べることはあったようだ。前述の手記で山本繁氏は7歳の頃、隣村の製麺所に行き、手回しの手動製麺機でうどんを作り持ち帰るのが子供の役目だったと記述している。小さめな茶碗に入れた辛めの汁に浸け〝すすり込む〟ように食べた「つけうどん」のおいしさが忘れられないという。子供の役割だった製麺作業によるうどんを家で茹でて食べるのは、88ページに記した小豆島の肥土山での昭和10

業するにしても、現在では考えられないほどの驚異的な作業量である。

昭和40年代から50年代にかけて、このような製麺所がさぬきうどん飲食を支えていた。さぬきうどんの基礎を作る一端を担った製麺所の底力、力強さを感じずにはいられない。

昭和45年（1970年）に1回目のさぬきうどんブーム到来

昭和45年の日本万国博覧会（ＥＸＰＯ70＝大阪万博）でさぬきうどんの名は全国に広まり、さぬきうどん第1次ブームが起きる。ファストフード店が日本に初めて登場したのはケンタッキーフライドチキン。大阪万博のアメリカ館に、日本で初となるパイロット店舗として出店して大きな話題を呼んだ。その博覧会に、さぬきうどんも居合わせた。日本人口の約半分にあたる6427万人が来場したビッグイベント会場で、さぬきうどんはその後日本で巨大な外食市場となるファストフードの「はやい・旨い・安い」に近い機能をすでに持っており、空前の売上を記録した。郷土食品としてのおいしさを持ちながら。

現・さぬき麺業㈱の製麺工場で、ちょうどタイミングよく導入された新技術で袋包装された茹でうどんが毎日大量に生産され送り込まれた。この博覧会で有名になったさぬきうどんは、昭和50年代にかけて第1次さぬきうどんブームを迎える。

ちょうどその頃、昭和49年（1974年）からうどんに最適なオーストラリア産小麦ＡＳＷ

（オーストラリア・スタンダード・ホワイト）の輸入が始まった（150ページ参照）。

　製麺機械も、農機具製造から製麺機械の製造に切り替えた県内の福井製作所やさぬき麺機㈱が小型の製麺機を販売開始した。工程の一部を自動化した、机ほどの大きさのコンパクトな製麺機械と、吸水が良く生地がべたつかず作りやすく、食感も弾力性に富んでおいしい優秀なオーストラリア産小麦ASWを使用することでセルフうどん業態が誕生した。品質の高いうどんを大量に、かつ茹でたてを提供できる店舗体制が整ったこの時、さぬきうどんは新たな道を歩み始めた。

第2章

花開いた香川県のうどん食文化

前章では史料等によって、さぬきうどんの源流から昭和期までの広がりの姿を探った。そうした歴史のいくつもの要因、きっかけがさぬきうどんを形作って今日に至っている。香川県におけるうどん文化の定着は、四国の中でも特異的である。

香川県内のうどん店の数は、平成29年（２０１７年）で約６５０店と言われている。新規開業の店舗数は毎年30～50店舗あるが、その一方で高齢化と後継者問題、経営不振などで閉店するところもあり、県内の総店舗数はやや減少傾向にある。とはいえ、さぬきうどんの人気は衰えてはいない。

平成26年（２０１４年）に行われた、かがわ農産物流通消費推進協議会のアンケート調査では、男女９８６名の回答の結果、年間に平均で男性２０２玉、女性１３０玉のうどんを食べている結果となり、県民1人あたり年間１５６玉となった。男性は１・８日に1回、女性は２・８日に1回は食べていることになり、さぬきうどんは県民食であることを裏付けている。

また総務庁統計局の家計調査（2人世帯以上）では、平成26～28年平均の全国県庁所在都市・政令指定都市の年間外食消費支出のうち「日本そば・うどん」の項目では、高松市が1位で1万３４２７円となっている。2位は福井市９３９９円、3位は宇都宮市８９６６円であり、高松市は全国平均５９３０円の約２・３倍と他の都市に対して大きく上回っている。やはり、名実ともにうどん消費県である。

うどんがどう「県民食」になったか

第1章と関連させながら香川の風土と合わせて、香川県でうどんをよく食べるようになった背景を挙げる。

特有の気候環境と古代から近代の小麦生産の隆盛

香川県は地形上、四国山地・讃岐山脈に太平洋側からの雨雲を遮られ、四国4県の中でも特に降雨が少ない。この少雨の気候は、四国の中で香川県だけに見られる特徴である。このことと、香川特有のうどんの嗜好性は強いつながりがあると考えられる。平成29年（2017年）現在、香川県には1万4600ヵ所あまりあるため池の数は全国で3位、県の総面積に対するため池の密度では全国1位という数字が示すように、歴史的に干ばつが多い地域である。ちなみに、明治元年（1868年）から昭和48年（1973年）までの約100年の間に26回、4年に1回は干ばつが起きている。

一方で温暖な気候環境が米と麦の二毛作を可能にし、特に麦作に適している。香川県の小麦生産量は明治後期には年間約2万2000t、昭和期戦前には約4万tであった。ちなみに平成25〜29年（2013〜2017年）の5年間の香川県産小麦（さぬきの夢）の生産量は年間約5000tで、戦前の4万tという数字はいかに麦作が盛んであったかがわかる。とはいえ現在、香川県産小麦の作付面積は、前述の5年間の平均で約1580haであり、中国・四国地方で最大の小麦産地である。

このように干ばつ傾向が強くコメの収穫を不安定にする気象環境の下、それを補うため讃岐平野に広がった小麦生産の隆盛がうどん文化の基礎を担っており、昔から香川県が突出してうどんの食文化が盛んである一つの要因になっている。

また、農家1戸あたりの狭い耕地や干ばつ傾向の香川県の気候など、農耕に対する負の側面は讃岐の農民に生産効率向上の努力を強く促した。明治初期には農事試験場の助力も得ながら、いわゆる明治農法の展開のもとでさらに生産技術は高まり、全国1位の耕地の有効利用率と単収を上げるまでに至っている。

香川県の農民経済

第2に挙げられるのは、香川県の農民経済の特性である。

讃岐平野は四国最大の平野であり、古代から四国において最大の耕地面積だったと考えられるが、その一方で農家1戸あたりの耕地面積は律令時代から近代まで極めて小さかった。それが讃岐の農民経済の実態を示唆していることは前章でも述べた。

それは、大正期前半に頂点を迎え「地主王国・讃岐」と呼ばれたほど力を持つ小数の地主が、「五反百姓(ごたん)」と呼ばれる多くの零細小作農を支配するという構造だった。讃岐の小作農は貧窮の中、年貢米の裏作として「裸麦(大麦)」と「小麦」の生産に重点を置いた。裸麦は麦飯や砕いて粥にして食べ、小麦は粉にして団子等にして食べるなど、米の代替として自給自足の生活をした。

「生きるために麦を食べる。」——

貧窮極まる讃岐の農民の生き様と食生活が、長い時間の中で小麦の粉食文化を形作り、やがてさぬきうどん食文化となって讃岐の地に深く根ざすようになった。

香川独自のうどん食嗜好の誕生と定着

第3には、香川県独自のうどんの嗜好という視点である。

香川県の農民の日常食は、豊富に採れる野菜を煮たものや裸麦等の粥が中心で、水車製粉が普及し始めた明治期に入ると小麦粉を塩水で練った団子状の塊りが時々加わる食事だったようだ。大正期の随筆に、厳しい農業労働のもとで、1日4回の食事のうち1回は、夏ならナスなどの白前の野菜が入った汁に団子状の小麦粉の塊りを入れて、ご飯に代わるものとして食べていたとある。作業の合間に、手軽に作れてお腹を早く満たすには団子状の方が噛みごたえがあり、腹持ちも良かっただろう。

それに比べて、細い紐状の「うどん」は作るのに手間もかかり、長く沸騰させる火力燃料と釜を用意し麺だけ茹でて、それに出汁とか具材を別に用意する必要があるため特別な食事だった。実際、農村でのうどんは、田植えや何かの集まりの際に共同作業で作られ、一同で食べることが多かった。

とはいえ、それまで長く食べてきた形状の「塊り」(団子や野菜)や「粒」(裸麦)の食事の中に、時々登場した細い切り麺である「うどん」の食感は、人々の食の官能を大いに刺激したことだろう。当初は、団子を作り、伸ばして切り落とすだけの紐状の小麦粉生地に過ぎなかったのかもしれない。しかしやがて農作業の重労働の生活における食事の嗜好を反映して、力強い噛みごたえ(弾力性)を求めて小麦粉生地を鍛える工程を重要視するようになっていったのではないか。噛みごたえがあるうどんは、より満腹感を得ることができる。その技術は、農村の集まりで男たちが競い合い、切磋琢磨したのかもしれない。競い合う中で、頭角を現した手打ちの上手い男が打ち方を周囲に教え、世代をつないで技術が伝えられていったのかもしれない。

この麺の噛みごたえの嗜好は「商業の町、大阪」や「京の都」の高級な素材を使った出汁や、その風味をじゃましない柔らかな食感嗜好の食とは根本的に異なる。麺を噛んだ時、押し返してくる弾力性においしさと食の充足感を見出した香川県独特の嗜好の定着が、さぬきうどんの未来を決定づけた。

言い換えれば、元来香川県のうどんの食感嗜好は単に「硬い（hard）・柔らかい（soft）」という単一志向ではなく、「弾力性（elasticity）」という複合感を好む素地を持っていて、その嗜好が1990年代に「ソフトな弾力性＝もちもち性」へと移っていった。

平成期に入って（1990年代）日本人の食感の嗜好性は「Wソフト」や「超熟」といった食パンの大ヒットに表れたように単純な柔らかさではなく、いわゆる「もちもち食感」嗜好が現れた。「もちもち」という表現も90年代、食パンの食感表現で初めて使われた。同時期の平成元年（1989年）頃以降、さぬきうどんは徐々に適度な弾力性にもちもち性が加わり、より高度な複合感のあるソフト系食感に変化していった。それは、当社のさぬきうどん用小麦粉製品の売れ筋を見てもわかる。瀬戸大橋が開通した昭和63年（1988年）に比べて、現在人気が高い小麦粉はたんぱく量がやや少なく、もちもち性に富むうどん用小麦粉である。

一つの考え方ではあるが、さぬきうどんの食感が日本人の嗜好性に適合していたことが、平成15年（2003年）の全国的なさぬきうどん旋風を巻き起こす要因の一つになったのではないか。それは意図されたものではなく、さぬきうどんが結果的に日本人の食感嗜好の変化に自然に適合してきたということであり、日常的にうどんを食べる香川県の消費者の嗜好は、日本人のうどんの嗜好をパイロット（水先案内人）的に示しているのかもしれないとも思う。

さぬきうどんのおいしさの一つ、食感の弾力性は、小麦粉生地中のグルテンをいかに鍛えるかによって大きく左右される。さぬきうどんの製法の中で、現在でも「足踏み工程」と「麩が出るタイミング」（小麦粉生地の弾力性と伸展性がちょうど良い頃合いになった時）を見極める感覚が重要視されるのはこのためである

豊富なうどん用副食材

第1には、香川県にはうどんを楽しむための副材料、副食材が豊富にあったこと。小麦の他にうどん製麺に必要な「塩」、出汁に必要な「醤油」「イリコ」が県内で豊富に生産される環境にあった。坂出市は、文政12年（1829年）に久米通賢（くめみちかた）が拓いた塩田を基に塩業が発達、全国に出荷していた「塩の町」だったし、県内には醤油の原料小麦の生産量に恵まれ、昔から多くの醤油醸造所があり、現在でもそれぞれ特徴のある醤油を製造しており、県内外のさぬきうどん店に納めている。

讃岐の醤油作りの始まりは小豆島と言われており、醤油の醸造が始まるのは18世紀末の寛政年間（1789～1801年）頃である。またうどんの出汁に使う良質のイリコは香川県西部、

観音寺港沖約10㎞の伊吹島近辺に漁場があり、現在も醤油と同じく全国のうどん店に出荷している（127ページ参照）。

また、温暖な気候と瀬戸内海に面する香川は野菜や海産物に恵まれ、ネギや人参、大根、ごぼう、じゃがいも、里芋、春菊、ナス、たけのこ、生姜など各種野菜、さらに大豆（油揚げの原料）・小エビ・飯蛸（いいだこ）・魚のすり身（蒲鉾、揚げ物）・辛子などうどんに乗せる具材や薬味が豊富に揃っていたことが、さぬきうどんのいろいろなメニューや食べ方に結び付いた。これらの多くがおでんのタネになりえたこともうどん屋におでんを置くようになった一つの要因になっている。

庶民の生活の中で続くうどん食の継承

第5として、さまざまな形で庶民生活の中でうどんが継承されてきたこと。香川では、幼児語でうどんのことを「ぴっぴ」と呼び、柔らかく似たうどんを短く切って幼児に食べさせる。子供が成長するにつれ、親がうどんを食べる機会が多いと自然と味の伝承となる。実際、幼少時から子供時代に食べたうどんの味の思い出を語る人は多い。子供時代のうどんのおいしさの記憶が老年になっても残っているところがまさに讃岐である。

また、かつては農家では若嫁が姑や近所の女衆から、男衆は村の集まりで村の祭事や一般家庭の慶事・法事で、手打ちうどんの技術を習い世代間で継承されてきた。最近では家庭でのうどん打ちはあまり見られなくなったが、今でも香川県内の綾川町滝宮や多度津町など、手打ちうどん研究会や愛好会が自発的に活動していて、手打ちの技術の啓蒙、継承が熱心に行われている

さぬきうどんの麺質とその変化

うどんの麺質の観点から見ると、過去のさぬきうどんのイメージは「太い」「硬い」といった野趣あふれるものかもしれない。しかし、現在のさぬきうどんはそうではない。確かに、1990年前後までは弾力性が強い食感傾向はあった。さぬきうどん研究会が平成4年（1992年）に出版した「讃岐うどん入門」によると、茹で上がった状態のさぬきうどんは5～6㎜角としている。しかし、今では例えば5・5㎜角を超えるさぬきうどんに出合うことは少なくなった。近年の地元さぬきうどんの麺線は、平均値4・73㎜角（平成24年〔2012年〕四国新聞社・吉原食糧／企画）である。麺線はやや細めになったとはいえ、もちもち性＋弾力性（＝粘弾性）の強さが特徴だ。つまり、なめらかで麺の周辺はもちもちしているが、中

心部には適度にしっかりとした弾力があり噛み切る時に適度な抵抗感を感じる、その複合感が現代のさぬきうどんの真骨頂である。

また、茹でた後、できるだけ早く食べることをおいしさのポイントとして重要視するのは、さぬきうどんの特徴と言えるだろう。それはうどんの麺質は茹でたてがベストであることを知り、大事にしていることの表れである。茹でたてのおいしさはでん粉が老化の状態に達していないことと、麺の周辺と中心部の水分の差があり、まだ水分が平衡状態になっていないことによる。茹でてからの時間経過は、さぬきうどんのおいしさにとって重要な要素なのである。

県外のさぬきうどん店と、香川県のうどん店の共通点と違い

本来、さぬきうどん店は、近辺に住む人々の日常の食事を提供する食堂的役割を持つ。したがって、香川県外の「さぬきうどん」でも、麺の硬軟・太さ、出汁の材料の種類、製法、甘さ・濃さなど、その地域特有の嗜好をある程度反映した味づくりとなるのは自然なことであり、県外のさぬきうどん店がさぬきうどん本来の味、イメージを持ちつつ多少、本場・香川のそれとは違ってくることは自然な流れだろう。

昭和45年（1970年）以降、ファミリーレストラン、ファストフードが展開し始め、大規模量販店、コンビニなど流通業の全国展開も進み、日本各地の食感・食味の嗜好性は消費者の

年齢層の移り替わりとともに、徐々に均質化している。地方の伝統食品の作り手側も、食感や風味を全国の平均的な嗜好に合わせるようになってきており、生産側と消費側の双方が味の均質化に向かっている。そもそも、さぬきうどんが全国的に人気を得た背景の一つに、この日本人の「嗜好性の均質化」が背景にあると考えられる。麺の表面が滑らかで光沢が良く、麺の周辺はもちもちしているが、中心部は適度な弾力の強さがある複合感のあるさぬきうどん。この麺質は今、全国的に評価が高く、おそらく現代の日本人のうどんの代表的な食感嗜好性ではないかと思う。

とはいえ、全国各地で麺質や味覚の好みの違いはやはり存在する。香川県内で修業し、県外で開業するさぬきうどん店のケースでは、香川県で学んだうどん作りで使用した小麦粉を必ずしもそのまま使わず、開業地域の麺の好みに合わせた小麦粉を選ぶ場合もある。傾向として、九州地域の開業者は柔らかめな食感を好み、関東地域ではやや硬めを好む開業者が多い。ただ、噛みしめて食べるような硬めのさぬきうどんの店はほとんど見られなくなった。

近年、東京でのさぬきうどんの麺の食感嗜好に新しい方向性が生まれていると私は感じている。本来、東京は地方出身者が多く、食品も味覚の好みも実に多種多様である。うどんの食感についても、東京では柔らか好みもいれば硬好みもいるというように幅広い傾向にある。しかし近年、うどんの新しい食感の好みとして、柔らかくもちもち性が強いが、噛み切りにくいほどの強い粘り（弾力性＋伸張性）を好む傾向が出てきている。うどんのもちもち性と弾力性を好む香川から見ても、個性が強すぎるほどの強く粘る食感である。香川ではうどんは日常食なので、あまり個性的なうどんは好まれないが、東京では、より個性的でダイナミックな食感が好まれる場合もあるようだ。中華つけ麺で極太とか〝剛めん〟と言われる著しく硬い食感が一部で好まれている。

大阪近辺では、昔から一定の大阪ならではのうどんの好みがあるため、その意味ではやや保守的で、いわゆる「関西風さぬきうどん」が評価される。

外食事業としてのさぬきうどん店経営の観点からは、県内と県外においていろいろな違いがある。

東京・大阪など都市圏で多店舗展開すると、一定の来客数を維持するために、定期的に新しいメニューを提供しながら一定の客単価を維持、あるいは増加するコストに応じて客単価を上げる必要が出てくる。香川県内では、周辺の客がほぼ固定されており、看板がない店もあるが、それはまさに地域の「食堂機能」を表している。

平成15年（2003年）のさぬきうどんブームの時期には、全国の多くの企業や個人がさぬきうどん店の経営に乗り出した。外食企業の中には既存の飲食店の業態転換によって、さぬきうどんのセルフスタイル店を立ち上げたりして店舗が乱立したが、3〜5年でその多くが閉店した。

コストの高い都市圏で単価が低いセルフうどんを経営するには、さぬきうどんとしての品質を保って来店客数を維持すると同時に低コストオペレーションが不可欠という経営の難しさがあるからだ。客単価を上げるには、トッピングやメニューを高額化することが必要になるが、あまり手の込んだものになりすぎると、うどんの麺質と素朴だが味わいのある出汁が命のさぬきうどんの本質から、また消費者のさぬきうどんのイメージからも離れていくことが懸念される。都市圏のさぬきうどんの多店舗展開の経営はここが難しい。

近年、東京及び近郊の何店舗かの手打ちさぬきうどん店は、香川県で評価の高い店と遜色がなくなってきていると感じる。それは、製麺技術や調理技術の成長とともに、東京の消費者のうどんの評価基準が香川と近くなってきているということでもある。

例えば山手線、埼玉県沿線の駅の近くで、店周辺のサラリーマンあるいは住人が日常的に通ううどん店として成立しているのだ。東京の新橋や五反田で評判の「おにやんま」、本郷三丁目の「こくわがた」、浜松町の「甚三（じんざ）」、埼玉・ふじみ野市の「條辺」等々。いずれもさぬきうどん本来の、地域の食を賄う食堂的機能と、本格的な手打ち・製麺技術を持つ首都圏・本格派さぬきうどん店の台頭である。平成15年（2003年）のさぬきうどん旋風の後、15年経った今、東京はじめ全国でさぬきうどんは確実に定着しつつある。

大正、昭和期のさぬきうどんの味

大正、昭和期のさぬきうどんの味について推察してみよう。

香川県は昔から干ばつが頻繁に起き、米の収穫が不安定な上、明治から大正初期にかけての米、麦の小作料は農家の大部分を占めた小作農にとってとても厳しいもので、大正期には一揆や小作争議が幾度も起こり、その激しさは全国に有名となったことは前述した通りである。

そのような農村の日々の生活の中での「うどん（的食べ物）」は、厳しい労働の合間（午後3時頃の食事＝香川では「茶漬け」と呼んだ）に空腹を満たす食べ物で

【図表13】大正時代の頃のうどん（復元）

大正期のうどんを復元したところ、色調はくすみが強く、ややふすま臭があり、噛むとプツッと切れるやや硬い食感だったと思われる。

あり、小麦粉を塩水で練って手で擦り合わせて整形し野菜と一緒に汁で煮た、いわゆる「水団（すいとん）」「団子汁」の類で食べることが多かったようである。田植えの終わった日（「サノボリ」）には、地域の人が集まって寿司を作り、うどんを打っていわゆる「ハレ」の日の食事としてうどんを食べることもあった。

そのような時代のさぬきうどんはどのような食感・食味だったのだろうか。

大正期のうどんは噛むとプツッと切れるような、粘弾性（もちもち性）が少なく硬い食感だったと思われる。うどんの色調はくすみが強く、ややふすま（小麦の皮）臭があり、麺の風味が強いうどんだったと推察する。

その理由は二つある。まず硬さの理由は、小麦品種のでん粉特性である。

大正時代の香川県の小麦品種は、大正6年（1917年）に奨励品種となった「金毘羅」と「早生（わせ）小麦」の二つである。この小麦のでん粉は、現在の香川県産小麦「さぬきの夢2009」のように「もちもち性」が強いやや低アミロースではなく、粘りが少なめの通常アミロースのでん粉質であるから、うどんの食感は硬めだったと考えられる。私自身の実感として、昭和60年（1985年）頃の「セトコムギ」や、比較的近年の平成元年（1989年）に奨励品種となった「ダイチノミノリ」でも、もちもち性が少なくボソボソとした単純な食感であり、「さぬきの夢」のもちもち性とは大きく異なっていた。

もう一つの理由は製粉方法の違いによる風味の違いである。

大正から昭和初期にかけて、香川県の製粉は石臼挽き製粉が主流だった。石臼挽きによる粉砕は、最初強い力で穀粒を一気に破砕し、その破砕片を石臼の間でねじりながら磨り潰し、その細片と粉は溝の中を回転しながら強い力で外へ押し出されるという複雑な粉砕工程が行われる。石臼挽き製粉は、粉砕と篩いを繰り返して段階的に製粉するロール式に比べて、小麦の外皮・胚芽と胚乳部の分離が行われにくい。小麦粉となる胚乳部の粉体に、外皮とその内側のアリューロン層や胚芽の一部が混

【図表14】小麦粒の縦断面

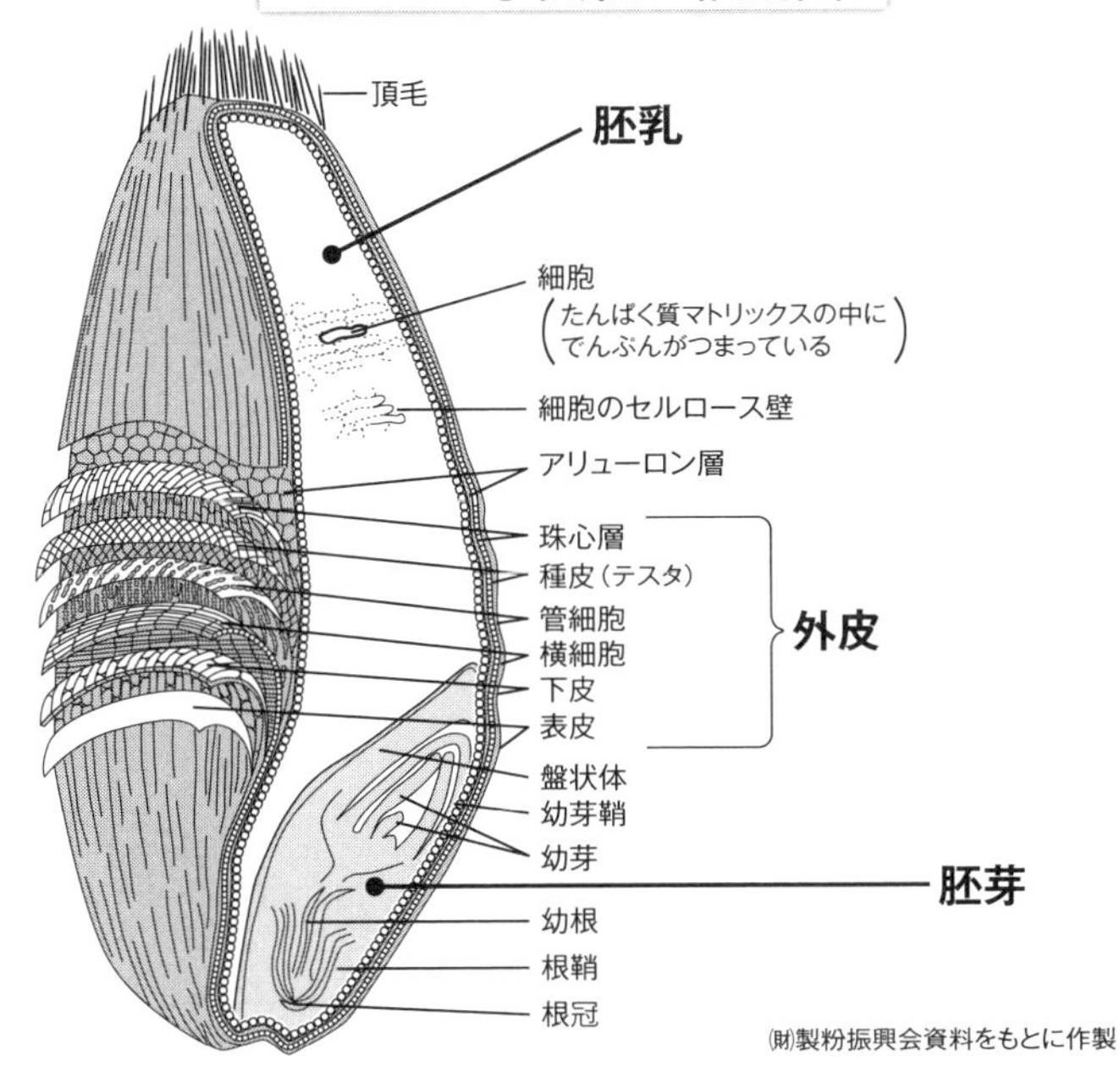

㈶製粉振興会資料をもとに作製

ざり合うため、無機質や食物繊維、酵素類等の多様な成分が多く含まれる。小麦の外皮と胚乳を隔てるアリューロン層はたんぱく質、脂質、灰分（無機質）と遊離アミノ酸も多く含み呈味が強い上に香気も強い。

また、胚芽は多くの栄養成分とともに味覚に影響する成分を持っており、それらが混ざり合った石臼挽き小麦粉は複雑な呈味と、独特の口中香（喉から鼻にぬける香り）を持つ。その石臼挽き小麦粉で作るうどんは、色合いが茶色っぽく醤油を少し落とすだけで十分においしく、味に深みのあるうどんだったと考えられる。

さらに、外皮に多く含まれる酵素によって褐変が急速に進むことで、小麦粉生地やうどんの褐変化（色合いのくすみ）のスピードは速かったと推定する。

またこの時代の打ち方は、足で生地をしっかり踏み鍛え（香川県では、昔から「足踏み工程」が重要視される）、噛みごたえのあるうどんになるように仕上げるため、グルテンは硬く締まり、かなり硬い食感のうどんだったと思われる。

昭和40年代に入ると、オーストラリア産小麦ＦＡＱ（一定基準をクリアした品質の小麦の総称）という小麦銘柄の輸入が本格的に開始され、さぬきうどんに大きな変化が起きた（詳しくは後述）。赤い小麦（讃岐産）から白い小麦（オーストラリア産）へと原料小麦が入れ替わっていったのである。

昭和49年（1974年）から、現在でも日本のうどんの主要原料小麦であるオーストラリア産のASW（オーストラリア・スタンダード・ホワイト）の輸入が始まり、黄白色の明るい色調でなめらかで適度な弾力もあり、讃岐のうどん嗜好にぴったり適合したため、ASWはさぬきうどん店で大きな人気を得ることとなった。

大正期や戦前（昭和初期）のさぬきうどんを売る形態

当時の町場のさぬきうどんとしては、高松の夜の街では、大正期にいわゆる「夜鳴きうどん」が売られていたことは前章で触れた。肩に、うどん・ネギ・かまぼこ・ダシの入った徳利を入れた「高荷」（木製の箱）を両端に吊るした竿をかついで売り歩いていた。

そして、昭和4～5年（1929～1930年）頃にうどん屋台が登場した。高松市の中心街、常盤(ときわ)橋の四つ辻には、夜10時には何台も赤や青の碁盤縞（碁盤の目のような正方形の縞模様）の綺麗な色ガラスや、カンテラ（灯り）で飾ったうどん屋台が集結して、活動（映画）帰りやほろ酔い客を相手に商売をするようになり、この光景が高松の夜の風物詩となった（98ページの図表12参照）。

これらのうどんは、一晩に販売する量を製麺所から購入した後、セイロや籠に入れて運び、長時間に渡って、常温保管していたわけで、うどん生地としては相当「硬練り」にして茹で時間を短めにした、硬い食感のうどんだっただろう。

昭和40年代のさぬきうどんに関する随筆で、明治38年（1905年）生まれのうどん屋の店主が「昔（大正〜昭和初期と思われる）のうどん屋には、かけうどん、湯だめうどん、しっぽくうどんの三つしかなかった。うちでは今もこの三つしかしておりません」と語るくだりがある。まだセルフうどんが普及していない時代のうどん店の様子がしのばれる。しっぽくうどんとは、香川県の畑作で豊富に収穫される人参、大根、ネギ、里芋等を出汁（主にイリコ）で煮て、温めたうどんの上にかけたものである。

昭和40年代前半まで、外でさぬきうどんを食べるのは男性が中心

昭和30年代中頃から昭和40年代前半（1960年代）は、まだ香川県ではうどん飲食店に出入りするのは、ほぼ大人の男性に限られていたようだ。学生はもちろん、女性も単独でうどん店に入ることは少なかった。当時はまだ外での飲食（外食）は贅沢であり、特別なことだった。また、家庭では出汁に手間をかけることは少なかった。

香川県は麦や大豆を使った味噌や醤油の醸造業は発展したが、それらを使用して、昆布や魚の節を活かしたうま味や風味のつゆ文化などを作り出す「加工技術」が高度に育つには至らなかった地域である。

京都や大阪は、昔から日本の政治・経済・文化の中心地の一つであり、活発な経済、政治力を背景に全国各地の食素材を活かした「風味・旨味の食文化」が発達した。香川県は豊富な魚介類、野菜、麦類、いも類、豆類などの素材を簡単に加工して食べる、簡素・手早さが特徴の食文化が長く続いた。これらのことから、さぬきうどんの飲食業は男の飲食文化の色合いが濃かった。

出汁がなぜイリコ中心か

昭和期の香川のうどん専門店では、製麺所から茹でうどんを配達してもらい、出汁は店で作っていた。専門店のうどんと家庭との味の違いは、まずなんといっても出汁のおいしさのレベルの違いである。高松市では、藤塚町の「伏見屋」や「藤屋」という乾物屋があり、質の良いイリコ（煮干し）が入荷したとの情報が入ると、うどん屋は2俵、3俵（1俵＝1貫目）と買い込んだという。

イリコは大羽（おおば）・中羽（ちゅうば）・小羽（こば）という大きさによるランクがある。中羽が最も味が良く、値段も高いとされているが、うどん店によっては大羽がおいしいと好んだこともあったようだ。

イリコ（カタクチイワシ）の漁場の中にある島と言えるほどに恵まれた伊吹島（いぶきじま）（香川県西部の観音寺市の沖）のイリコ生産の歴史は古く、1860年頃に始まったと言われており、昔から香川では、イリコが身近な魚節としてさぬきうどんや味噌汁、正月の雑煮まであらゆる出汁に使われてきた。

昔から一般家庭では出汁用としてイリコのみ使う（昆布は使わない）ことがほとんどだったが、さぬきうどん専門店の業務用には、イリコ単独ではなく鰹節などと合わせて作っていた店もあった。前出の山田竹系氏の「随筆うどん・そば」（昭和52年）に「イリコの生臭さを嫌い本鰹節しか使わない店もぼつぼつあった」とも書かれている。私の記憶でも、平成に入って2回目のさぬきうどんブームが起きるまで、イリコは使われてはいたものの鰹節を中心にした香りのうどんが多かったと思う。ブーム到来により、「さぬきうどんの出汁は伊吹島のイリコ」と取り上げられるようになり、前面に出てきたようにも思う。

昭和40年代当時、香川県の一部のうどん店で使用していた本鰹節は、高知県産の本鰹節（本枯れ節）で、生の鰹にカビ付けし、天日乾燥を繰り返して作る高級品である。山田氏の随筆に書いてある出汁の取り方は、前日から昆布を浸けておき、翌朝取り出して沸騰させ、イリコの腹が裂けない程度に煮る。イリコを取り出してから薄口醤油を加えしばらくして火を止め蓋をして、5、6分そのままにしておいて、少しさめてから本鰹節を入れる、とある。最後の追い鰹で風味を付けるところなどは当時の本格的な料理屋を思わせる。あるいは、鰹節でイリコ臭をマスクする目的があったのかもしれない。

さて、昭和40年（1965年）頃まで獲ったイリコの鮮度の維持は難しかった。製造時の乾燥時間が長いほど、脂質変化が進行し、アルデヒド類の臭気成分が増加して、いわゆる生臭みが増すからだ。

伊吹島に海底送電ケーブルで電気が送られるようになったのは昭和42年（1967年）。やがて乾燥機やフィッシュポンプ（船から工場への魚の大量搬送）が導入され、昭和51年（1976年）より製氷機が導入されたことで、変質が早いイリコが収獲後に、短時間で新鮮な状態で加工処理されるようになったことで大きく品質が向上した。

「出汁」は地方によって大きく好みが異なるが、全国のさぬきうどんと銘打つ店ではイリコを使っている店が多い。さぬきうどんの出汁材料はイリコという認識は、平成15年（2003年）のさぬきうどんブーム以降に広がったことが大きい。

現在のさぬきうどん店はイリコ、サバ節、ウルメ節、中には宗田節などの組み合わせで店それぞれの味を出している。

イリコは、カタクチイワシを塩水で軽く煮て乾燥させたもの。香川県観音寺市沖の伊吹島（いぶきじま）周

【図表15】伊吹島のイリコ漁とその選別

香川県西部、観音寺港より約10㎞沖にある伊吹島は良質なイリコの産地。うどんの出汁に最適で多くのうどん店で使われている。特に近年、製造工程の改良で味の良いイリコが出荷されるようになっている。（写真協力／観音寺市商工観光課）

辺で獲れる。伊吹島は外周約5・4㎞、人口が700人強の島である。私が子供の頃の昭和30～40年代前半頃に比べて、イリコの味は格段においしくなった。その当時とは比較にならないほどだ。臭みやエグ味がなくなり、コクのある旨味とすっきりとした香りになっている。

実際、昭和63年（1988年）に瀬戸大橋が完成した頃、東京から香川に来た外食企業の社長に、イリコの魚臭さが嫌でさぬきうどんが敬遠されたことがあった。関東の出汁は鰹節、関西は雑節が一般的な好みということもあったかもしれないが、カタクチイワシは青魚で不飽和脂肪酸を多く含み、加工処理や保管状態によっては脂肪の酸化が進んで臭いが出たり味が落ちやすかったりした。20年くらい前のこと、あまりイリコに馴染みがない関東の人は微妙に感じたかもしれない。

その頃から比べると、今、東京でイリコ中心のさぬきうどんの出汁がおいしいとされていることに隔世の感がある。

良質のカタクチイワシは6～9月が最盛期。現在では洗浄・釜茹で・温風乾燥まで全て機械化されていて、鮮度を落とさず安定した品質のイリコが生産されている。

氷を使った冷却処理やサイズ選別機の導入などの生産技術によって、イリコ原料の鮮度と製品品質が飛躍的に向上し、生臭さやエグ味がなくなってすっきりとした風味を出すようになり、いよいよ伊吹島のイリコはさぬきうどんの出汁として有名になったと言えよう。

香川発祥の「セルフスタイル」の原点と進化

近年、さぬきうどんのセルフスタイルの店は全国に広まったが、ここで一度整理してみよう。現在、香川県のさぬきうどん店は、大きく分けると、次の4タイプに分けられる。

①セルフ原型

客がうどんを受け取って温め、トッピングを乗せ、全て自分でうどんメニューを作る方式。安価な店が多い。さぬきうどん飲食の原型と言える方式。

②セミ・セルフ型

店側がうどんを温めて出汁を入れるなど（薬味を入れる場合もある）基本を行い、トッピングのみ客がする。①のセルフ型の発展型。

③フルサービス型（一般店）

規定のメニューの中から注文後、調理され運ばれてくる一般的なスタイル。

④製麺所型

スーパー向けや小売用の茹でうどんを製造している製麺所でうどんを食べるスタイル。麺を茹でた後、水洗いしてせいろに並べたうどんをそのまま客に提供する。中には釜で茹で上がったうどんをそのまま取って（釜抜きとも言う）客に渡す店もある。営業時間が短く、ダシも醤油かダシ醤油のみ、若干の仕入れ品の天ぷらが置いてあるだけなど、うどんそのものを提供して簡素な食べ方をする場合が多い。

平成15年（2003年）の第2次さぬきうどんブームの時に注目を集めた、お客が自らうどんを温めることから始める①の「セルフ原型」店は現在では減少している。昭和期にセルフと言えばこのスタイルが主だったのだが、減少の要因は店主の高齢化による閉店と、新興の「セミ・セルフ型」店舗の台頭である。従来の個人経営ではなく、複数店舗を運営する地元企業のうどん店が増加してきている。それらの店舗は、広い道路沿いに駐車場を十分にとり、老若男女・年代を問わず入店しやすく、広くゆったりした座席の店づくりを行っている。店内は明るく豊富なトッピング具材がずらりと並び、天ぷらは少量ずつできるだけ揚げたてを出す店が増えてきた。

消費者の世代が移り変わるのにつれて、新しいうどんメニュー、食べ方が生まれ、人気メニューは他のうどん店に伝播しやがて定着する。チェーン店の中には、カレーうどんを全面にPRする店舗も出てきている。かけうどんメニュー等、普通のメニューもそろっているのだが、特定のうどんメニューに絞り込んだ表現をしている。

さて、「製麺所型」は製麺の市場自体が縮小してきているため、貴重な存在になってきている。

昭和30～40年代に開業したこのスタイルは、店主の高齢化とともに徐々に閉店している。大変残念である。

製麺所の茹でうどんは販売用のため、長時間の保管が前提となる。少なくとも昭和40年代後半以降、小売りの茹でうどん用小麦粉は茹でて翌日、例えば24時間以上経ったうどんであっても再度湯煎して食べる時、切れてはいけない。そのため製麺所では圧延工程でロール圧をきつめに締めて仕上げた。

当時吉原食糧では小売りの茹でうどん用の小麦粉は小麦粉生地内のグルテンの結合力をより強くするために、手打ちうどん用よりややたんぱく量を高めになるように小麦品種の配合を決めて、製粉工程も調整することが不可欠だった。

製麺所はそれぞれ独特の工夫や製麺技術を持っていて、単純にロールで小麦粉生地を締めつけていたわけではなく、足踏み工程や熟成時間の調整によって生地内のグルテンの弾力性を強くし、麺線のつながりを強固にした。それらの現場での経験、生地を触ったり押した時の感覚や、製麺技術、勘どころが今もさぬきうどんの製法に活かされている。

したがって、製麺所で食べるうどんは、茹でた直後はやや硬めの食感のうどんだった。これがまた、昭和のさぬきうどんのイメージで懐かしい味なのである。現在の香川県では今風の「セミ・セルフ型」うどん店と昔風＝昭和時代の「セルフ原型」及び「製麺所型」うどん店が共存していて、そのことがさぬきうどんの食味・食感の多様性と奥深さを作り出している。

香川県内のセルフ店（製麺所店を含む）とフルサービス店の比率は、セルフ店が約60％、フルサービス店が40％程度で（平成26年〔２０１４年〕）、その15年前の平成11年（１９９９年）とはちょうど比率が逆転した状況にある。ここ数年、新規開業店の約7割はセルフ店であることから、今や地元でもさぬきうどんと言えば「セルフうどん」という印象であることも納得できる。

また、県庁所在地で香川県の中心地である高松市は、昭和30年代に入って県内で初めて製麺所型のうどん店が誕生。昭和40年代からは本格的なフルサービスのさぬきうどん店が繁盛し、昭和40年代後半からはセルフ店も増えた。うどんの麺線は西讃（香川県西部）や東讃（香川県東部）に比べてやや細く、食感も柔らかめで出汁も鰹節風味の高級路線でいわゆる「町（都会）のさぬきうどん」のイメージであった。

香川県のほぼ中央の中讃地区にある工業都市の坂出は工場が多く、昔から大勢の客を短時間でさばくセルフ店が多い。その一方で観音寺市のように、周辺の住民の固定客の昼食を賄っている昔からのフルサービスのうどん店が多い地域もある。それぞれ地域の特性がうどん店スタイルに反映されていて興味深い。

製麺所型セルフうどん店が新業態化して全国に

これまで述べてきたように、セルフ型のさぬきうどんチェーンが発展し、全国的に広がったことによって、昨今では日本の中で、さぬきうどんのメニュー、食べ方や注文の仕方が理解されるようになった。近年、海外に出店する店も増えているので、海外でもセルフスタイルのさぬきうどん店が認知され、人気を獲得しつつある。海外ではビュッフェという、料理を自由に皿に取り分けるスタイルがあるので、自然に受け入れられているのだろう。このセルフ方式のうどん店が香川県で一般化していったのは、昭和50年代に入ってのことである。

昭和30年代から40年代にかけてうどんの製麺所は最盛期で、各市町村に数多くあり、直売あるいは八百屋等での販売を通して家庭への茹でうどん供給の役目を担っていたのに加えて、一般食堂やまだ数少なかったうどん専門店に卸しもしていた。製麺業と飲食業は分業体制だった。

その後、昭和50年代以降に急速に台頭してきた「セルフうどん」スタイルは、この2つの機能を合体させた新業態であった。「セルフ」の普及によって初めて、県内全域で茹でたてのさぬきうどんを手軽に飲食できるようになった。

セルフの原型である「うどんを食べさせる製麺所」では、うどん専門店や八百屋などの小売店に卸す本業の製麺のかたわら飲食業務をしていたため、食事の提供としてのサービスは最小限のものとなっていた。客はそれを承知の上で、茹でたてのうどんを求めて食べていたのである。製麺所の仕事がら、開店も早朝（5時とか6時）からオープンしているところが多く、現在、早朝から開いている営業年数の長いセルフ店の多くは、もともと製麺所だったところである。

この製麺所スタイルの飲食店の原型は、昭和32年（1957年）頃に生まれたようだ。高松市の製麺所兼うどん店のある経営者によると、「昭和30年（1955年）に製麺所を始めたが、売上を上げるために製麺の傍ら、水洗いしたてのうどんの上に鰹節を乗せ、醤油をテーブルに置いて客に食べさせるようにし始めたのが昭和32年。その後、ダシも作るようになった。ある時、保健所からの指摘があり『飲食の許可』を取ったが、『製麺』と『飲食』の両方の許可を取ったのはこの店が初めてだと思う」と話した。

さぬきうどん全国区への道

昭和45年（1970年）大阪万博で大人気を果たし、その後第一次さぬきうどんブームが起き（102ページ参照）、その約30年後に第二次さぬきうどんブームが起きた。

昭和63年（1988年）瀬戸大橋が開通し平成に入った頃、県外の若い世代にもさぬきうどんが注目され始め、平成5年（1993年）頃から小さな郊外のうどん店にも県外ナンバーの車やバイクを散見するようになる。

平成15年（2003年）、カジュアルさを打ち出した新興のうどん飲食企業が東京・渋谷公園通りにオープン、1杯100円のさぬきうどんを販売開始し、これがさぬきうどん大ブレイクのきっかけとなった。東京のメディアが全国に向けてさぬきうどんのおいしさ、食べ方のユニークさ、店舗情報の発信等を一斉に開始。さぬきうどんの話題が一気に全国に飛び火した。その後のさぬきうどん人気は凄まじく、県外から大勢の人が香川県の小さなうどん店に押し寄せ、連休時には人気うどん店に3000人もの行列ができたと新聞を賑わせるほど熱狂的な人気を博した。自分でうどんを温めたり、トッピングを自由に選んだりするという「セルフ」形式や、かけうどんが1杯100円程度という安さ、山中や田畑の中に点在するレトロなうどん屋の風景など、「〝時代〟のギャップ感」が〝意外性〟という価値となり、大きな魅力として消費者に受け入れられた。

また、車のナビゲーションの普及や、瀬戸大橋架橋に伴う香川県内の道路整備の充実、インターネットのメーリングリストの普及による情報の共有と拡散の貢献も見逃せない。まさに時代が追い風になったと言える。

90年代の人気嗜好「もちもち食感」とマッチ

さぬきうどんが全国的に人気を得た最も大きな要因は、県外の人が新鮮に感じたさぬきうどんの麺の「なめらかさ」と、「もちもち性と弾力性の両方を併せ持つおいしさ」によるものだった。県民食として人気を得た背景でも述べたが、1990年代の「もちもち食感」の食パンや、タピオカでん粉のもちもち性を活かしたブラジルのパン「ポンデケージョ」の大ヒット等、日本人の食感嗜好がそれまでの単なる「柔らかさ」から、より高度な「もちもち性」に移行していたこともさぬきうどんが全国で受け入れられる素地となった。加えて、素朴な風味の出汁、昭和時代を彷彿とさせる店の雰囲気も人々の心をほっとさせ、魅了するのに十分だった。

全国的に高く評価されるに至ったさぬきうどんの麺のおいしさの基本的な要素は「明るく冴えた色調」「なめらかさ」「〝もちもち性〟と〝弾力性〟のバランスのとれた食感（粘弾性）」の3つと言えるだろう。そのおいしさは、グルテンの弾力性を最大限に引き出すうどん打ちの技術と、小麦のでん粉質の特性との相乗から生み出されるさぬきうどんならではの食感である。日本人の食感嗜好が「もちもち性」に移った1990年代、さぬきうどんも、かつてのコシ（噛みごたえ）の強いうどんから、もちもち食感へと変化していたのである。

さぬきうどんは地方の伝統食品でありながら、現在でも香川県民の日常食である。多くの香川県民が日々うどんを食べ、それぞれが明確なうどんの好みの評価基準を持っていることから、うどん店の競争・淘汰も激しく、香川県のさぬきうどんの動向は日本人の麺の食感嗜好の方向性をより早く示す、パイロット的な働きをしていると見ることができるかもしれない。

人気を博した、宇高連絡船のさぬきうどんの味

かつて昭和の時代が閉じるまで、岡山県の宇野港と香川県の高松港との間に、宇高(うこう)連絡船が運航されていた。本州と四国を結ぶ連絡船で、瀬戸大橋が昭和63年（1988年）にできるまで香川県や四国の人たちにとっては、本州に渡る重要な交通手段だった。この宇高連絡船に乗船する人たちに大変人気を博していたのが、後部甲板の小さな売店で立ち食いで食べるさぬきうどんだった。この連絡船のうどん店には、高松市内のさぬきうどん店のさぬき麺業（現在直営店8店舗）、井筒屋（廃業）、源芳(げんよし)（廃業）の3店が主に連絡船用にうどん玉を納品していた。

連絡船で飲食販売するうどんは、茹でた後、数時間経ってから船上で温めて、かけうどんで提供するため、うどん玉は小麦粉生地を硬めに練り、そして硬めに茹でて納めていた。メニューはかけ・きつね・天ぷらうどんの3種のみを提供していた。当社（吉原食糧）はさぬき麺業、井筒屋に小麦粉を納品していた。当時の小麦粉は灰分値0・38％程度、たんぱく量9・3％程度で、今のさぬきうどん用に比べてたんぱく量の多めの小麦粉を納品していた。

当時の地元手打ちうどんの生麺の太さは4㎜角くらい、茹でうどんは5㎜～5・5㎜くらい。近年の茹でうどんの平均値4・73㎜（前述）から比べると太いうどんだった。連絡船用のうどんの麺線も太く、5・5㎜くらいはあったように思う。

昭和時代に、八百屋や食堂、うどん専門店に納品していたうどん玉も前述のように硬めで弾力性のある食感に仕上げていたが、これには理由がある。茹でうどんは時間経過、温度低下とともに、加熱により膨潤（膨れた状態）した麺内のでん粉が離水し萎(しぼ)むと同時に、麺内部の水分含有が平衡し麺の周辺と中心部の水分の差がなくなり粘弾性が低下（ボソボソした食感に変化）する。いわゆる「茹でのび状態」へと変化していく。これは、加熱により膨潤分散したでん粉分子が温度低下によって再凝集し、でん粉分子間にほぼ均質に分散していた水分（自由水）が離水する状態を意味する。

このようにでん粉の老化が進む中で、うどんに少しでも歯ごたえの食感を残すには、麺の骨格を成している「グルテン質」の弾力性の維持が必要となる。そこで、当時のうどん玉を卸すうどん店や製麺所は、小麦粉はややたんぱく量の多いものを使って、圧延（一方向へのプレス）のみのロール工程だけでなく足踏み工程を取り入れたり、熟成時間（寝かせ）を取ったりしながらグルテンの弾力性を引き出すという製法を編み出していたのである。

単に、たんぱく量含有の高い強力小麦粉の配合をしても、練る時の生地の強度は上がり、しっかりとした手ごたえにはなるが、茹で麺の状態では破断強度が若干上がる程度で、弾力性を出すことにはなりにくい。やはり、小麦粉生地を複雑な方向から徐々に外力を加えて、内部のグルテンを鍛えることが重要である。さぬきうどんの人気のポイントはここにある。

香川のさぬきうどんの新しい潮流

さぬきうどんの昭和40年代頃から平成期の流れを見てみる。

まず、うどん店の経営形態だが、香川県における昭和40年代から50年代前半にかけてのうどん店は個人店がほとんどで、その他にわずかに複数店舗を持つ法人組織のさぬき麺業、かな泉などがあった。この頃のうどん飲食店はもともと製麺業を主にしていたところが多かったため、先述したように昭和36年（1961年）に創立された当時の組合名称は、「香川県生麺事業協同組合」だった。現在は、「本場讃岐うどん協同組合」に名称変更をしている。

平成に入って、地元の若手経営者・異業種参入による、複数店を運営する企業経営の比較的大型のうどん店舗が加わり近年拡大している。現在は、従来の昭和型のセルフスタイルの個人店、新興（若手）の個人店、外食スタイルの雰囲気を持ち込んだ企業経営の比較的大型店とバラエティ感が広がっている。
さぬきうどんのメニューについて見てみると、さぬきうどん店としての業態がほぼ確立、普及した昭和30年代後半から、かけ、ざる、釜あげが3種類の基本的なうどんメニューだった。それに、具材や味噌味を加える等して、きつね、しっぽく、打ち込みなどのバリエーションがあった。しっぽくうどん、打ち込みうどんは高級なメニューであり、日常的に食べるものではなかった。普通、かけうどんと言えば、ネギ・蒲鉾あるいは魚のすり身の練り物（揚げ蒲鉾）が少し乗る程度であり、現在の天ぷら（かき揚げ、エビ・イカ天、ちくわ天等）を自分で取るようないわゆるセルフスタイルが定着したのは、昭和50年代後半以降である。
しかし瀬戸大橋架橋後、平成期に入ってまもなく、その3種類の基本うどんメニューに対する変化が起きた。ぶっかけうどんの台頭である。かけうどんでもなく、ざるうどんでもなく、やや甘めのつゆがうどんが浸る程度にかかっていて、うどんを口いっぱいに頬張り、もちもち性と適度な弾力感を楽しむ、新しいうどんメニューの誕生である。その背景には、香川県だけではなく、１９９０年代に日本全国に広がっていた「もちもち食感嗜好」が背景にあったのではないか。（１０９ページの「香川独自のうどん食嗜好の誕生と定着」を参照）
今では当たり前のこのもちもち食感嗜好は、その後平成15年のさぬきうどん大ブームの追い風となった。すでにこの頃のさぬきうどんは、かつての弾力がかなり強い食感ではなかったのである。現在の香川県のうどん店では、かけ、ぶっかけ、ざる、釜あげという売上順になっている店が多い。

かけうどんが多彩に進化

メニュー以外に、近年、うどんの温度帯も細かく提供されるようになってきて、かけうどんは3通りの温度帯を用意する店が増えた。従来の「熱(あつ)」、冷かけの「冷(ひや)」、通称「そのまま」(うどんは温めず、つゆのみ温かい)の「温(ぬる)」。ぶっかけうどんは「熱」と「冷」の選択が可能。温度帯によってうどんの麺質が異なり、風味もそれぞれだ。これに後述のトッピングの種類が増え、実に多彩なうどんメニューが自分で作れるようになった。

例えば、ここ5年ほどで夏期の「冷やかけ」メニューが定着しつつある。いわゆる麺もつゆも冷たい冷・冷(ひやひや)のかけうどんだが、従来の冷・冷とは異なり、つゆは温かいかけうどん用に手を加えている店が多い。つゆの温度も常温より低くしている。冷たいつゆは節の魚臭を強めに感じることもあり、通常のかけつゆに醤油、味醂などを添加して味を調整する店が多い。冷・冷といっても、氷を入れる「冷やしうどん」ではなく、うどんの食感が締まり過ぎない程度の温度帯であり、本格的な讃岐冷かけうどんの登場と言えよう。

ここ10年ほどで注目度が高い、あるいは人気が出てきたメニュー、トッピングを挙げてみる

と、

- **肉ぶっかけ（牛・豚、あるいは両方入り）**
- **釜バター（釜あげうどんにバター片を乗せて胡椒を少々）**
- **とり天（ムネ肉を大きくカット、あるいは叩いて客の目を引く大きさに揚げる店もある）**
- **飯蛸（いいだこ）の天ぷら**
- **カレー（従来からの有名店に加え、野菜具だくさんの店などバリエーションが広がり、定番の店が増加）**
- **しっぽくうどん（冬期）**

などがある。

とり天は鶏肉（主にムネ肉）に天ぷら粉を付けて揚げたもので、多くのうどん店で定番化しており、今では東京のさぬきうどん店でも定着しつつある。また、若い世代の嗜好を反映して、肉系・カレー系・油脂系の人気が高まっているのが特徴で、野菜豊富な冬期のしっぽくうどんも人気が出ている。昭和時代のメニューのリバイバルにも思える。しかし、大根、人参、里芋、ごぼう、油揚げ、こんにゃく、ちくわ、鶏肉など豊富な具材が入っていて、その分単価も上がるが、近年の野菜をとることを推奨する動きの中で見直され、またかけつゆにはない味わいで人気が出てきたメニューである。

うどんの麺線の太さは、平成期に入って以降、わずかだが徐々に細くなってきている。前述した口内に頬張って食べるぶっかけうどんに代表される、もちもち性を好む嗜好と連動しているのかもしれない。

平成期に入って30年、時代とともに若い世代の消費者とうどん店が相まって、新しいうどんの食べ方やメニュー、味などで豊富なバリエーションを作り出してきた。そして、若い世代の店主は、自店ならではの一押しのメニューの強調等、さぬきうどん店としての個性を意識するようになってきている。店舗の外装・内装のリニューアルも進んできた。

平成期の地元さぬきうどん業界の新しい流れとして、前述の企業経営型のいわゆる外食スタイルのうどん店の拡大がある。駐車場を広く取り、店内を広く明るくし、よりカジュアルな内装・雰囲気にし、トッピングやメニューを増やし充実させている。広い店内の空間、メニューの豊富さ、ネギ等の取り放題のお得感などで訴求する地元うどんチェーン店舗が徐々に増えてきている。一方、個人店は従来のさぬきうどん店のイメージを継承し、あるいは活かしつつ、自らの手打ちによる麺質に磨きをかけるなど個人店ならではの価値を高めている。

俯瞰すると現在の香川県のさぬきうどん飲食業界は、従来の「地域の食堂型」と、「現代風外食型」が混在している状況にあり、全体として、より細かで、より幅広いさぬきうどんを提供する市場を作っている。このことが地元の「さぬきうどん食」に世代を超えて幅広い食事機能、豊富な味の選択、飽きない身近な日常食という魅力を持たせている。

これが平成30年（2018年）の地元さぬきうどんの進化途上の形である。

さぬきうどんの人気を高めた、昭和の「釜あげ」と平成の「釜たま」

釜あげうどんは、昭和40年代後半にはさぬきうどんの人気メニューとして定着していた。

釜あげうどんについて初めて書かれたのは、昭和47年（1972年）の山田竹系氏の「随筆さぬきうどん」だろう。その中で「さぬきうどんの本当の旨味を賞味しようと思えば、なんといってもこの〝いでごみ（茹でごみ）〟（＝茹で揚げ、釜あげうどん）に限る。」ということが書かれている。この時期は、ちょうど昭和45年（1970年）の大阪万博会場でさぬきうどんが爆発的に売れた後、全国に名が広まり、最初のブームが起き始めた頃であり、その後「さぬきうどんと言えば、釜あげ」というイメージが全国に広がったのはこの記述がきっかけだったと思われる。

ただ、釜で茹でている途中のうどんを釜から引っ張り出すという「釜あげ」の食べ方は、いわば賄い（まかない）、あるいは「通」「常連」の食べ方だった。一方、平成に入って有名になった「釜たま」は、釜あげのうどんとともに生卵を丼に入れ、ダシ醤油をかけて熱々の状態でかき混ぜて味わうおいしい食べ方である。

この「釜たま」は香川県綾歌郡綾川町の「山越うどん」が始めたメニューと言われている。同店はいつも客待ちの長い行列が絶えない。

香川では昔から、茹で上げた麺をそのまま濃いめの汁につけて食べる釜あげうどんはあったが、茹で上げた麺に生卵とダシ醤油をかける「釜たま」の食べ方は新しい世代のさぬきうどんの食べ方と言えよう。

香川のうどん店と「おでん」

おでんは、日本の各地方によって材料や味付けが大きく異なる。現在、多くのさぬきうどん店にはおでんが置いてあるが、昭和50年代頃のさぬきうどん店のおでんは、野菜、すじ肉、こんにゃく等をうどんの出汁をベースにした関西風と、砂糖と出汁と醤油で甘辛く煮込んだカントダキ（関東煮）の2つのタイプがあった。

「おでん」のルーツは、みそ田楽（串に刺したこんにゃくや豆腐等の味噌焼き）である。江戸末期に関東で、串刺しではなく具を醤油ベースで煮込んだ屋台料理が大流行し、それが関西に伝わり、「カントダキ（関東煮）」と呼ばれるようになったという説が有力である。

さぬきうどん店ではうどん用の出汁を転用して比較的簡単に調理ができることと、売上増に貢献するということでおでんを用意していたのであろう。

讃岐の豊かな野菜類を手間のかからないおでんに

讃岐平野では、米と麦の二毛作の他にじゃがいも、さつまいも、里芋、たけのこ、人参、ごぼう、大根、かぼちゃ、たまねぎ、ナス、生姜、春菊、ほうれん草など、豊富な種類の畑作物が採れ、農家のみならず一般家庭でもよく食べていた。最初におでんを提供したさぬきうどん店は、これらの身近にある食材を選び、下ごしらえが比較的簡単で、うどん用の出汁を利用できるということで提供したのだろう。

県内外にさぬきうどん店を展開するさぬき麺業㈱（高松市）の香川政明社長によると、昭和30年代中頃、さぬき麺業の前身の店、香川屋（香川町）で関西風のおでんを始めたところ、大変人気になったという。時期の早さから推測して、これがさぬきうどん店のおでんの始まりかもしれない。香川屋はうどんに加えていなりずしも出していて、うどんだけでなくおでん、いなりずしもおいしい店として評判で、高松市内から当時高い料金だったハイヤー（現在のタクシー）に乗って食べに来る客もいたという。その評判が広まり、他店でもおでんを出すようになったのではないだろうか。うどん、おでん、いなりずしの3品は、その後の昭和時代のさぬきうどん店の定番となった。

第3章

さぬきうどんの小麦・小麦粉についてもっと知る

豪州産小麦との稀有な出合い

オーストラリア産小麦ＡＳＷ（オーストラリア・スタンダード・ホワイト）については前著「だから『さぬきうどん』は旨い」でかなり説明したが、今日のさぬきうどんのおいしさの真相という面でも外すことはできないので、ここでＡＳＷについてあらためて述べておきたい。

対日輸出物資としてのオーストラリア産小麦

オーストラリア産小麦と日本の関係の歴史は古く、太平洋戦争前の昭和８年～14年（１９３３～１９３９年）の７年間に日本が輸入した小麦のうち約76％がオーストラリア産小麦だった。オーストラリアにとっても、小麦の輸出相手国はほとんど日本であった。

しかし終戦後、日本は昭和25年（１９５０年）に15万ｔのオーストラリア産小麦を輸入したのを最後に、その翌年から昭和30年（１９５５年）まで４年間、オーストラリア産小麦はほんの少量（小麦輸入量全体の１％以下）しか輸入されず、輸入国の主体は米国・カナダの２ヵ国だった。

そのような情勢の中、後に日本のうどんの主原料を占めることになる西オーストラリアの小麦がひっそりと、初めて日本に出荷されたのは昭和30年のことである。この時はまだうどん用に向くオーストラリア産小麦は特定されていなかった。

またその後、日豪は難航する交渉の中で互いに努力し、昭和32年（1957年）7月6日、箱根の富士屋ホテルにおいて日豪通商協定を結んだ。この協定で、相互の最恵国待遇の設定、輸入制限の撤廃等を決め、小麦については軟質小麦（主にうどん用に使われた）及び飼料用小麦（家畜の飼料）に限定して輸入を開始した。

日本のオーストラリアからの小麦の輸入量を見ると、通商協定締結の後、昭和34年（1959年）には43万ｔとそれまでの約3倍の量に急増している。しかしながら、その内訳は飼料用が90～100％で、食料用は10％以下だった。この比率が昭和42年（1967年）まで続く。

飼料用小麦とは、日本の経済成長に伴って牛乳や肉類の消費拡大に対応すべく、畜産振興政策の一環として定められた「ふすま増産制度」によって、牛や豚の餌として使われる小麦のことである。オーストラリア産小麦の飼料用途の輸入量は、当初から制度が終わるまでほとんどの年で米国産よりも多かった。これらのことから、日本では食料用小麦は米国、飼料用はオーストラリアを重視と、両国との協定を両立させるためにバランスを取ってきたことがうかがえる。

しかし飼料用小麦といっても小麦の品質が悪いわけではなく、用途が違うだけで食料用の小麦とまったく同じものである。そして、小麦を挽いた全てが増産ふすまになるのではなく、国が定めるふすま歩留、つまり小麦の60％（皮と胚乳部の一部、胚芽）を増産ふすまとし、残りの40％（胚乳部）は小麦粉として自由に販売を許可された。

その後、「ふすま増産制度」は平成15年（2003年）3月に廃止されるまで、飼料用小麦の需要減に伴って国が定める増産ふすまの歩留は少しずつ下げられ、その分、小麦粉生産量が増えていった。

さぬきうどんでのオーストラリア産小麦の高い評価は、この制度によって生産された小麦粉から始まった。昭和40年代前半に香川県に入ってきた先述のFAQ小麦から火が付いたのである。そして、その高い評価は新しい規格のASWになり、さらに強固なものとなった。

さて当時、岸信介外相が調印を行った日豪通商協定は、日本にとって戦後初めての外国との貿易協定となった。オーストラリア側にとっても歴史的に関係が深かったイギリス志向の貿易から、アジア、特に日本重視に転じた歴史的転換点となった。

平成27年（2015年）12月18日、赤坂迎賓館において、安倍晋三内閣総理大臣主催のオーストラリア・ターンブル首相初来日の歓迎レセプションが行われ、私も参加させて頂いたが、祖父の岸信介氏の意思を継ぎ、オーストラリアとの歴史的な関係を踏まえた上で、未来に向けてさらに連携と協調を図るとした安倍総理大臣の挨拶には、日豪の歴史を感じるとともに感銘を受けた。現在、日本とオーストラリアは、不幸な太平洋戦争の痛みを乗り越えて良好な友好関係にある。経済においても平成27年1月15日に発効した日豪経済連携協定（ＥＰＡ）など、一層密接な結びつきを持つに至り、政治・経済・軍事など多方面からアジア太平洋地域の繁栄を支えている。

歴史的にうどんに適する軟質小麦が多かったオーストラリア

オーストラリアは歴史的にたんぱく量が少ない軟質小麦が多い。特に、日本向けのＡＳＷが収穫される西オーストラリアの土壌は砂地質でリン・窒素が不足気味で地力が低いことから、たんぱく量がやや少ない軟質小麦の生産が相当多かった。後述するが、結果的に日本のうどんに向く中庸なたんぱく量とでん粉質の特性を持つ小麦品種系統が西オーストラリアにすでに存在していたのである。

また、西オーストラリアの最初の入植者が１８２９年に小麦生産を始めた際の種子は、イギリスから船で持ち込んだもので、現地の土壌と気候環境に適さなかった。こうした状況下、数少ない小麦遺伝子と特殊な土壌、気象環境下での育種を余儀なくされたことから、始祖効果によってユニークな小麦特性、例えばたんぱく量が高い小麦も含めて全ての品種が白小麦であったり、硬質と軟質の両方の特性を持つ異色の小麦品種の誕生につながったのかもしれない。

オーストラリア産小麦ASWの登場

１９７３年（昭和48年）まで、オーストラリアの小麦は先述したＦＡＱ（Fair Average Quality）という基準に基づいて等級区分が行われ、その輸出小麦の銘柄の名称も「ＦＡＱ」と呼ばれた。ＦＡＱは「公正で平均的な小麦品質」の意味で、19世紀後半、オーストラリアで設定された等級区分システム（grading system）のことである。軟質（中・薄力系）小麦、硬質（強力系）小麦を特に分類管理せず、各地域で収穫した小麦の品質を簡易にチェックした。その基準は、生きた虫や異物が混入していないか、発芽していたり天候の影響を受けている粒が入っていたりしないかの目視による検査や、小麦の水分は12％以下であること、製粉適性をクリアするための容積重や篩い分け検査など、迅速に等級分けする手順である。

１９５３年～１９６３年頃までの間、オーストラリアは小麦輸出大国の米国・カナダのレベルに追いつくべく、旧いＦＡＱの等級区分システムを変え、管理のレベルアップを図ろうと真剣な議論が行われた。最終的に小麦品質協議会が決定したのは、たんぱく質の量に加えて品種、生産地域によって分離するという管理内容で、１９７４年（昭和49年）にＦＡＱ基準に替わり、新しい分類システムが導入された。

この新しいシステムによっていよいよオーストラリア産小麦は、それまでのような特性が漠然とした多用途の小麦ではなく、パン用・菓子用など用途が明確な小麦銘柄が輸出できる体勢が整ったのである。そして、この時が日本向けASWの誕生である。

オーストラリア産小麦がうどん原料の主体となるきっかけとなった重要な小麦品種は「Gamenya（ガメニア）」である。ガメニアは、西オーストラリアで、「さび病菌」

さぬきうどんに適するオーストラリア産小麦のASWは、オーストラリア大陸の南西部パース周辺の広大な農地で作られている。ただし、日本向けとは別の広義のASWも同国の各地で作られている。

に感染し大きな被害を被った品種に代わって、軟質系の小麦として、１９６３年（昭和38年）頃から急速に作付面積が広まった。

「ガメニア」は長い間、西オーストラリア州の小麦作付面積の上位を占めていた。１９７４年（昭和49年）、日本向けＡＳＷとして（数種類の小麦品種の混合のうちガメニアが大部分を占めた）日本に上陸し、うどん原料としてオーストラリア産小麦ＡＳＷのシェアを拡大させる原動力となったのである。


当時のオーストラリア小麦庁は資料の中で次のように記している。

「日本は、昭和32年にオーストラリアから小麦輸入を開始した時、高いたんぱく量の最高級の小麦でなくてよいから、日本麺（うどん）に向く品質の良い小麦を安定的に供給するよう要求した」と。そして「日本はオーストラリア各州で生産される小麦の品質の多様性について深い関心を示した。日本は、欲しい品質の小麦がどこの州、どこの港から買い入れることができるかに目を付けた、最初の国である」と。


そして、まさに日本が求めるうどん用の小麦がオーストラリアにあったということである。

では、なぜガメニアが中心となったＡＳＷは、日本のうどんの原料小麦市場を席巻したのか。

その力のポイントは、驚くべきことに、この小麦が「ソフト（軟質）小麦」と「ハード（硬質）小麦」の両方の特性を持つ、まさにオーストラリア大陸の環境と育種によって生まれた異色の小麦品種だったことである。

中庸な弾力性と高い粘性の両方の特性を持つ強力な商品力

ガメニアは小麦の分類上「中庸な硬さを持つハード（硬質）系の小麦」であるが、実際には軟質系の特性も持っていた。これは世界の小麦の中でもかなり珍しい品種で、小麦粉生地の中庸な「硬さ（抗張力と伸張性）」と、でん粉の「高い粘性」の両方の特性を持っていた。

日本のうどん向けに最適な食感特性として、麺の適度な〝弾力〟と〝粘り〟の食感を持ちながら、しかもうどんが切れにくく作りやすい製麺適性も併せ持つという、かつてない強力な商品力を持つ小麦だったのである。

日本人独特のうどんの食感の好みに合う小麦品種がオーストラリアの西オーストラリア州に存在したことは、まさに偶然の巡り合わせとでも言おうか。そしてそれを評価した日本の製粉技術者の選択眼も優れていたとも言えよう。

さらにガメニアの後継種として、日本市場を目標にした「ＥＲＡＤＵ（エラデュ）」という品種が１９８１年（昭和56年）に西オーストラリア州農務省によって開発された。日本人のうどんの好みに合うよう品種改良を続けたオーストラリア側の熱意と技術は、その後も日本市場でのＡＳＷの力を見事に継続させている。

さぬきうどんの完成度をさらに高めたＡＳＷ

現在もさぬきうどんの主要な原料であり続けているオーストラリア産小麦ＡＳＷが香川県に初めて上陸したのは、日本への輸出が始まった年、昭和49年（１９７４年）のことである。この年のＡＳＷの香川県の輸入量は、３万２９７０ｔであった（この他、飼料用に３万８１０ｔで合計約６万９０００ｔ）。

この年の香川県産小麦の生産量は１２９０ｔ、品種は農林26号だった。これに対し、ＡＳＷの品種は先述のうどん用として優れた特性を持つガメニアが主体であり、その品質の差は相当に大きかった。またＡＳＷが来るまでうどん用にも使われていた米国産ソフト小麦は、菓子や天ぷら等の用途では食感の軽さでとても優れているが、うどん用としてはＡＳＷに比べて、もちもち感と弾力が足りず、その差は歴然としてあった。

当時のことを知る老年のさぬきうどん店主は「オーストラリア産小麦粉は１日１回、朝練っておけばその日は問題なく使えるし、色も綺麗で麺の食感にはコシがあり、何も言うことがなかった」と回顧する。

このように、ＡＳＷの明るい黄白色（クリーミー）なうどんの色調と、強めな弾力性、茹でた後の麺の老化の遅さなどが高く評価され、さぬきうどんにおけるＡＳＷの小麦原料としての重要性が広く認められるのに時間はかからなかった。香川県でのうどんの食感嗜好と製麺適性に合致するASWの優れた特性によって、さぬきうどんは一層、完成度を高めたと言えるだろう。

香川県のうどん店の小麦使用の現状

現在、香川県内に出回っている小麦粉製品の内容、数量などから推測して、香川県内のうどん店の使用量の90%程度がオーストラリア産小麦ASWであろうと私は推定している。香川県産小麦の生産量は平成20～24年（2008～2012年）産の平均で年間約4200t、香川県のASWの年間使用量は8万t程度である。つまり、県産小麦の生産量はASW使用量の5%程度しかない。

しかし、さぬきうどんの原料小麦は、昭和40年代に入って本格的に輸入されるようになったASWに変わっていくまで、香川県産小麦を使用していた。当時、香川県産小麦はうどんだけでなく、お菓子や揚げ物など日々の食事に幅広く使用されていた。

香川県では、昭和30年代から40年代にかけて「農林26号」が耐病性があり、また小麦が倒れにくく、香川県産小麦の主流を占めていた。現在70歳くらいから上の人たちが〝懐かしいさぬきうどん〟として思い起こすうどんはこの農林26号で打つうどんだろう。このように、昭和40

年代が赤い小麦（香川県産）から白い小麦（オーストラリア産）へと移り変わっていったさぬきうどん原料小麦の大転換の10年であった。

注目される日本のうどん用小麦

最近の約10年で国内産小麦の状況が大きく変化してきた。国内産小麦の需要が急速に拡大してきており、平成27年（２０１５年）産以降、製粉会社の購入希望数量が国内産小麦の生産量を超え、不足感が出てきている。国内産小麦の中で初めてオーストラリア産小麦に匹敵しうるうどん用小麦として高く評価された香川県産小麦「さぬきの夢２０００」の登場以来15年、全国でうどん用の新しい小麦品種が開発され生産を開始している。

国内産小麦の人気の高まりの背景には、消費者の食品の国産志向と、麺、パンなどの用途に合った小麦の品質特性の向上がある。現在、全国各地の農業試験場では、日本人の嗜好性に合わせた小麦の開発や品種改良の研究が進められ、うどんに適するいろいろな食感特性を持つ小麦品種がリリースされている。日本の気候環境での生産は難しいとされてきたたんぱく量の多い強力系小麦も開発され、パン・中華麺用の小麦品種も開発され生産を開始している。近年の

【図表17】日本の主な小麦品種（うどん用中力小麦）

資料：農林水産省の資料に吉原食糧㈱が一部加筆して作成

国内産小麦の好調な売れ行き、人気の高まりは、かつての売れない「内麦（ないばく）」（国産小麦の通称）を知る者にとっては隔世の感がある。

小麦の品質が向上し、市場のニーズに合わせた小麦が生産されるようになった背景には、平成12年（2000年）に、それまで政府が無制限に小麦を買入れする制度から、小麦生産者と実需者（製粉企業）が売買契約をして直接取引をする「民間流通制度」に変わったことが大きい。入札制度が導入され、人気の高い小麦は高く、そうでない小麦は低価格になる市場経済の概念が導入されたことにより、小麦生産者がより高品質、高価値の小麦生産を行うようになったからだ。

ただ今後、国内産小麦の人気、供給の不足感から小麦の価格が上がり過ぎれば流れはまた変わる可能性がある。また、高齢化や農産業に関わる人口の減少などから、今後の小麦生産量拡大についての懸念もある。

多様なうどん用の国内産小麦・新品種が登場

現在、全国で多様な小麦が生産されている（161ページの図表17参照）。関東の「さとのそら」は長く日本麺用の代表格だった農林61号に替わる品種で、食感はもちもち性ではなくしっかりとした弾力があり、関東地域のうどん文化の歴史に育まれた嗜好をよく反映した小麦品種である。一方、全国的な小麦生産の傾向として、小麦に含まれるでん粉の主要な成分アミロースの多少によってもちもち性の食感が大きく左右される。

そして近年、日本人の一般的な好みを反映して、もちもち性の強い低アミロース系の小麦が多く開発されている。分類して、いくつか品種例を挙げてみる。

◎やや低アミロース（もちもち性がやや強い）

さぬきの夢、きぬの波、きぬあかり、イワイノダイチ、ふくはるか、ふくほのか

◎低アミロース小麦（もちもち性がかなり強い）

チクゴイズミ、あやひかり、つるぴかり、ユメセイキ、ネバリゴシ

◎アミロースフリー（アミロースを含まないモチ小麦）

もち姫

小麦のでん粉（アミロース、アミロペクチン）と食感の関係については後で詳しく述べたい。

オーストラリア産小麦ＡＳＷは優れた品質で日本のうどんの小麦原料の主体であることに変わりはないが、近年、国内産小麦の新しい特性である低アミロース系のでん粉が持つなめらかさともちもち性の食感に着目して使用するうどん店やうどん製品が全国的に増えている。当社では平成19年（２００７年）に、ＡＳＷと香川県産小麦「さぬきの夢」の、それぞれ優れたたんぱく質の特性と、でん粉特性の異種融合の意味で名付けた「ハイブリッド小麦粉」を開発し

ている。

シルクロードを経て日本に伝来した世界的に稀な遺伝子を持つ小麦

国内産小麦の特性について見ていく。

小麦成分の7～18％はたんぱく質、約70％は炭水化物で構成されている。その炭水化物のほとんどはでん粉である。小麦粉生地の硬さや伸展性を決めるのはたんぱく質のグルテンである。まずグルテンについて簡単に説明したい。

小麦のたんぱく質は大きく分けて、アルブミン、グロブリン、グリアジン、グルテニンに大別される。そのうち、小麦粉中の全たんぱく質の約85％を占めるグリアジンとグルテニン（ほぼ同量）は水と混ぜ合わせると、両者が絡み合って「粘り」と「弾性」を持つグルテン（伸縮に富む物質）になる。グルテンができる穀物は小麦だけである。このグルテンが小麦粉生地の骨格となって成形が可能となり、麺やパンができることになる。

日本の小麦は、軟質系の中力小麦が中心で主に団子やうどん用に使われてきた。それらの小麦で作る小麦粉生地は、オーストラリア産のＡＳＷに比べて、たんぱく量が少ないうえ柔らかく、吸水率（一定の硬さになるまでの小麦粉が水を吸収する割合）も低い。このような日本の小麦は海外の小麦とどう違うのか。

小麦について幅広い研究を行っている国立研究開発法人 農業・食品産業技術総合研究機構（農研機構）次世代作物開発研究センターの中村洋氏によると、日本への小麦の伝来は、中近東地域を起源とし、シルクロードの北ルートに沿ってユーラシア大陸を横断して極東に達し日本海を越えて日本に到達したとする（中村氏の研究資料の詳細は巻末の参考文献・資料欄に記載）。

日本に小麦が到達するまでの長い年月の間に小麦の遺伝的多様性は失われ、大陸を経由して日本に伝来したのは世界的に稀なグルテニン遺伝子を持つ品種だったと中村氏は推定している。その稀なグルテニン遺伝子は、グルテンを構成するたんぱく質の一つグルテニンの特性に関与しグルテンを弱くする、つまり水で練った小麦粉生地を弱く切れやすくする。そのためパンには向かず、どちらかと言えば麺用に適すると考えられるが、パン文化圏の欧州だけでなく麺文化圏のアジアの中でもほとんど見られない遺伝子だという。その稀な遺伝子を持つ小麦は、その伝播の足跡を残すようにシルクロードに沿ってわずかに点々と現在も残っていることは興味深い。

日本の在来品種の小麦はおおよそそうであるが、香川県産小麦も昔から同様にグルテンの力は弱く量も少なかった。しかし、前述のように香川県でのうどんの食感嗜好は、他地域とは違って強い弾力性を好んできたため、しっかり足踏みして硬く練る技法が編み出され定着した。したがって、この「足踏み作業」あるいはそれに準ずる「鍛え工程」がさぬきうどんの製法の基本であると言えよう。いかに、満足を得られるうどんの弾力性を創り出すか――。その弾力性とは単純な硬さではなく、押し返してくる応力のことである。たとえ近年香川県のうどん嗜好がもちもち性を好むように変化してきたとは言っても、その弾力性はさぬきうどんのおいしさの原点であり、基本であることに変わりはない。

前出・農研機構の中村氏によれば、アジア大陸から日本に伝搬した小麦は、その後、栽培環境への適応や人為的選択によって遺伝的多様性はさらに縮小したという。現在、日本の小麦は秋播性の程度が小さくて（冬季にそれほど寒冷にならなくても成長しやすい、温かい環境でも育ちやすい品種）、軟質系（中・薄力系）の品種で、かつ前述の世界的に稀なグルテニン遺伝子を持つものに収束してきて、比較的暖かい関東以西の西南暖地にこの遺伝子を持つ品種が適応し定着したとする。

また、同じく中村氏によれば、こうして日本の小麦品種の多くは、その稀なグルテニン遺伝子を持つ頻度が特異的に高く、グルテンが弱く柔らかいという、外国品種とは大きく異なる特徴を持つに至り、この遺伝子を持つ小麦品種は、中国大陸の品種のわずか2%しか存在しないが、日本では、関東以西の西南暖地で育成された小麦品種の48%に存在しているという。興味深いことに、この遺伝子を持つ小麦品種は新疆ウィグル自治区の在来種に多く存在し、日本に向かった足跡のように、東に向かうシルクロード（北ルート）に沿って、新疆ウィグル自治区

↓西安↓南京↓浙江省↓九州に点々と存在していることも中村氏の研究から判明した。

うどん用の小麦としては、打つにも食べるにもグルテン質が硬い強力（硬質）小麦より、適度に柔らかいグルテンが形成される中庸なたんぱく量を持つ軟質小麦が適している。小麦粉生地の力が弱いグルテンの特性を持つ日本の小麦であるからこそ、小麦粉生地を切り落とす〝うどん〟が日本の代表的な麺として庶民の生活に根付いた。逆に日本の在来品種の特性を持つ小麦では、包丁を使わず両手で生地を振り回しながら引き延ばして麺線にしていく中国の〝拉麺（ラァミェン）〟は作れないのである。

オーストラリア産小麦が輸入される前の時代の日本の素麺は、在来品種の弱小なグルテンがぎりぎり切れない状態を保ちながら時間をかけて細く延ばしていくという、さらに難易度の高い製麺技術だった。うどんは生地を固めて延ばして包丁で切り落とす程度の限られた外力で作る。それに向く軟質系の小麦品種を人為的に選択し育種し続けてきたことによって、世界的に稀な日本独特の軟質小麦の特性が固定されたとも言えるだろう。

もちもち食感とでん粉成分との関係

次に国内産小麦と、最近特に人気のもちもち食感について考えてみたい。

近年、日本でうどん用に開発される小麦品種の多くは、もちもち性の強いでん粉特性を持っている。その背景には、日本人がもちもち食感のうどんを好むようになっていることがある。国内産小麦の品種開発を行っている国の研究機関・農研機構は、ゲノム（DNAの遺伝情報）からいろいろな「もち性」のレベルの低アミロース系小麦を開発している（注・遺伝子組み換え技術ではない）。

小麦の7～18％はたんぱく質、約70％は炭水化物で構成され、その炭水化物のほとんどはでん粉であると前に述べた。でん粉はアミロースとアミロペクチンによって構成される。アミロペクチンはもち米の主成分であることからわかるように、加熱するともち感が強く粘り気のある食感となる。アミロースは粘り気が少なく、歯切れの良いやや硬めの食感イメージである。「もち性でん粉」であるアミロペクチンの含量が多い（＝低アミロース）小麦品種で作るうどんは、なめらかでもちもち性が強く柔らかめの食感になる一方で、時間が経つと早く柔らかくなってしまう。適度なもちもち性は「やや低アミロース」の小麦が適するが、その評価は好みによる。

日本の一般的な小麦品種では、でん粉内での成分比率はアミロース約25％、アミロペクチン約75％で、だいたいこれに近い比率のものを「通常アミロース」と呼ぶ。それに比べてアミロース含量がやや低いものを「やや低アミロース含量」、さらに低いものを「低アミロース含量」と呼ぶ。アミロース含量が数％変わるだけで、食品の食感に大きな変化を与える。アミロース含量が減る（＝アミロペクチンが増える）と、もちもち食感や粘りのある食感となり、逆にアミロース含量が増えれば硬めな食感となり、その食感の違いは明瞭である。

でん粉を水で溶いた時、常温では35％程度しか保水できないが、温度を上げていくと50℃を超えた頃からでん粉粒は膨潤し始め、60℃付近で急激に水（湯）を取り込んで膨張を始める。さらに温度を上昇させると粘性（粘り）が増加し、90℃を超えた辺りで最高粘度に達し、でん粉粒は約5・5倍に膨潤する。釜あげうどんの場合、茹で上げたうどんを噛む最初の段階でこの膨潤したでん粉の物性を食感として感じるのである。ちなみにこのようにでん粉が糊化することを「α化（アルファ）」という。

アミロースを合成する酵素の遺伝子は、イネ、トウモロコシ、大麦等では一つであるが、コムギはA、B、Dの三つの異なる遺伝子を持つ。この三つの遺伝子の働きを同時に止める（アミロースを生成させない）ことにより、世界でも例を見ないアミロペクチンのみの「もち（糯）小麦」（餅のように粘るでん粉を持つ）を農研機構 東北農業研究センター・中村俊樹氏らが開発した。

また、Bのみ働きを止める（B欠という）と「やや低アミロース」になり、適度なもちもち性を持つでん粉質の小麦となる。現在、この三つの酵素の遺伝子の働きを1個、2個、3個と失わせることにより、「やや低アミロース」「低アミロース」「アミロース・フリー（もち〔糯〕」

という、もちもち性の度合いの異なるでん粉を持つ小麦品種を作る技術が開発されている。この技術によって小麦のもちもち感がコントロールできるようになったわけで、モチ（糯）文化を持つ日本ならではの独自性のある技術開発と言える。

現在この技術によって国内産小麦の多様な低アミロース系小麦が次々に開発されるようになった。なお、この技術は遺伝子組み換え操作ではなく、自然界の遺伝資源を利用して行われる従来の交配を基本とする技術である。

昭和30〜40年代のオーストラリア産小麦「ガメニア」等が、日本人の好む粘弾性（もちもち感）を持っていたのは、前述のBのない遺伝子型だったからだとされる。自然界では、ある遺伝子が突然機能を失う（例えば、人工交配以外に、放射線や紫外線、あるいは自然環境によって変異する）場合がある。ASWのオーストラリア産ヌードル小麦は、何らかの要因で突然変異が起きたのかもしれない。

ちなみに当時の日本の小麦は通常アミロースであり、オーストラリア産小麦のもちもち性には太刀打ちできなかった。

香川県産小麦「さぬきの夢２０００」はもちもち性が強く、やや低アミロースの小麦として日本でいち早く開発され平成12年（２０００年）９月29日に香川県が農林水産省に品種登録申請した。この小麦はさぬきうどんの食感嗜好を反映させた単にもちもち性だけでなく、適度な弾力を合わせ持つバランスの良さを持っており、平成14年（２００２年）に６７０ｔの収穫を得て本格的な生産に入った時は、国内産小麦としてかつてない完成度の高さから大きな注目を集めた。

しかしＡＳＷに比べて、グルテンのつながりの強度がやや弱い点が指摘された。そこで続く「さぬきの夢２００９」ではグルテニンの改良によって小麦粉生地の伸展性が改善され、うどん用として全国的に人気の高い小麦品種として現在に至っている。

その後、１６１ページに示した地図にあるように、あやひかり、きぬあかり、ネバリゴシなど様々なタイプの低アミロース系小麦が開発され、滑らかさ、柔らかさ、もちもち性などの小麦のでん粉特性や小麦たんぱくのバリエーションが増えて、うどんの多様な食感・食味の開発につながっている。

オーストラリア産のヌードル小麦（注：ＡＳＷは約60％のヌードル小麦と、約40％のややたんぱく量の多い品種で構成される）はもちもち性があるとは言っても、日本の低アミロース系小麦ほどもちもち性は強くはない。

こうしたこともあって、低アミロース系の日本産の小麦品種はうどんの新しい食感として注目されている。

とはいえ、昭和40年代以降、現在でも日本のうどんの原料小麦の主流は、うどん用として総合的な品質に優れ供給量も安定しているオーストラリア産小麦ＡＳＷである。

国内産小麦の品種開発を行っている農研機構ではパン・中華麺用の強力小麦においてもグルテニンのサブユニット遺伝子型に着目し、グルテンが強靭でしかもやや低アミロースのでん粉特性を持つ、世界で類を見ない画期的な「超強力小麦」を開発している。このように、独創的な発想と日本人の嗜好に合う小麦品種の開発に今後も大いに期待したい。

小麦・小麦粉の分類とうどん適性

小麦の分類方法にはいくつかあるが、小麦粒の硬さによって「硬質小麦」「中間質小麦」「軟質小麦」という分け方がある（１７３ページの図表18「小麦・小麦粉の分類表」参照）。

小麦粉の等級と特徴

硬質小麦は軟質小麦よりたんぱく量が多く、いわゆる強力小麦である。中間質小麦は文字通り両者の間にあり、中力小麦である（正確には、軟質小麦の中でたんぱく量が多いものが中間質小麦である）。日本の小麦の多くが、オーストラリア産小麦ＡＳＷも中間質小麦である。う

【図表18】小麦・小麦粉の分類表

等　級			1等粉(目安)	2等粉(目安)	小麦生産国
灰分値(%)			0.3%後半〜0.4%程度	0.4%後半〜0.5%程度	
硬質小麦	強力小麦	パン用	たんぱく質 11.5〜12.5%	たんぱく質 12.0〜13.0%	カナダ 米国
準・硬質小麦	準・強力小麦	中華麺・パン用	たんぱく質 10.5〜12.0%	たんぱく質 11.5〜12.5%	米国 オーストラリア(東豪州)
中間質小麦	中力小麦	日本麺(うどん、素麺等)	たんぱく質 7.5〜9.5%	たんぱく質 9.5〜10.5%	オーストラリア(西豪州) 日本
軟質小麦	薄力小麦	菓子用	たんぱく質 6.5〜8.5%	たんぱく質 8.0〜9.0%	米国 日本

どんには中間質小麦が向く。小麦粉を水で練るとできるグルテンの硬さ、抗張力、伸展性が硬過ぎず、柔らか過ぎず適度なのである。つまり、たんぱく量とグルテンの質の両面からうどんには中間質小麦が向く。強力小麦では硬過ぎ、薄力小麦では柔らか過ぎる。うどんの食感としても、中力小麦の適度な硬さが最適である。

小麦の製粉は、小麦粒を段階的に（徐々に）破砕・粉砕しその都度、粉砕物を粒度によって細かく篩い分けしながら胚乳を分割・抽出していき「1等粉」「2等粉」「3等粉」の等級の小麦粉製品に仕上げる。この等級は、小麦粉中に含まれる灰分（無機物）量によって決まる。

小麦粒内で無機物は一様に分布しておらず、小麦の中心部（胚乳部）から外に向かうにつれて増加し、種皮・果皮の内側にある薄い膜のアリューロン層などに多く含まれる。無機物の増加と小麦粉の色調の度合いは一定の関係があり、無機物が少ない、つまり灰分値が低いほど小麦粉の色調は明るい（灰分については、179ページの「灰分という等級の基準」参照）。

1等粉は、灰分値が低く（無機物の含有率が少ない）、色調も明るく、たんぱく量は2、3等粉より低い。2等粉から3等粉になるほど、色のくすみが強くなり、たんぱく量も増えていく。このような違いができるのは、小麦内部の成分構成の違いによる（図表20小麦胚乳の成分分布参照）。ただ、必ずしも1等粉がうどんにとって最良ということではなく、例えば2等粉は麺の硬さ・弾力の強さや、色調の濃さ、わずかだが呈味を感じる場合があるなどの特徴があ

【図表19】小麦の主な用途

小麦粉の種類	主な用途	たんぱく含有率	主な原料小麦（（ ）内は国内産品種、外国産の略称）
薄力粉	カステラ ケーキ 和菓子 天ぷら粉 焼き菓子（ビスケット等）	6.0〜9.0%	アメリカ産ウェスタン・ホワイト〔WW〕
中力粉	日本麺（うどん、そば） 即席麺 焼き菓子（ビスケット等） 和菓子	7.5〜10.5%	国内産（「きたほなみ」、「さぬきの夢」、「シロガネコムギ」、「チクゴイズミ」、「さとのそら」、「農林61号」等） 豪州産スタンダード・ホワイト〔ASW〕
準強力粉	中華麺 ギョウザの皮 パン（食パン以外）	10.5〜12.5%	国内産（「ミナミノカオリ」、「ラー麦」等） 豪州産プライムハード〔PH〕 アメリカ産ハード・レッド・ウィンター〔HRW〕
強力粉	食パン	11.5〜13.0%	国内産（「春よ恋」、「キタノカオリ」等） カナダ産ウェスタン・レッド・スプリング〔CW〕 アメリカ産ダーク・ノーザン・スプリング〔DNS〕
超強力粉	食パン（中力粉とブレンドで） 中華麺 パスタ	12.0〜14.0%	国内産（「ゆめちから」、「ハナマンテン」等）
デュラム・セモリナ	パスタ	11.0〜14.0%	カナダ産デュラム〔DRM〕

資料：農林水産政策研究所・吉田行郷氏作成による資料（「さぬきの夢」は筆者が加筆）

【図表20】小麦胚乳部の成分分布

成分	中心部		周辺部
灰分（≒無機質）	少ない	←→	多い
色調	白い（明るい）	←→	濃い（くすむ）
たんぱく質の量	少ない	←→	多い
でん粉の量	多い	←→	少ない

るので、目的のうどん及び麺に合わせて製品を選ぶ。1等粉よりさらに灰分値が低い特等粉もある。色調は1等粉より冴えており、たんぱく量は1等粉よりやや少ない。

うどんの「食感」を作り出すでん粉、グルテンと伝統技術

人間は口腔内で食べ物を「硬さ」「なめらかさ（粗滑感）」「もちもち感（粘弾性）」「流動性」「粘り」等を感じている。うどんの硬さ・柔らかさは咀嚼を始めてすぐに感じ、もちもち性、なめらかさは複数回噛むことによって麺が破壊されていく過程の物理的変化によって得ている。

これまで述べてきたように、うどんの食感は小麦粉中のたんぱく質（グルテニンとグリアジン）が水で捏ねられてできるグルテンと、でん粉の物性によって作られる。さらに詳細に言えば、麺の骨格を成すグルテンが加熱された時の「弾力性」と、加熱され膨潤したでん粉の「粘弾性」が相乗してうどんの食感を作る。

うどんのもちもち性は主にでん粉が担っているが、麺の骨格を成すグルテンの熱変性を起こした物性も関与しており重要な要素である。茹で湯での加熱により、うどんの表面近くのでん粉は膨潤し、加熱が続くとやがて膨らみが崩壊していくが、麺の中心部のでん粉粒は風船状に

膨らみながらもその膨らみをある程度維持している。それらのでん粉粒を包み込んでいるグルテンは高温により多少凝固はしているが弾力性があり、5・5倍ほどに膨潤するでん粉粒を麺内に抱え込んでいる。うどんの食感は膨潤したでん粉と、熱変性したグルテンの物性の相乗で作られるのである。

うどんの食感は、咀嚼（そしゃく）を始めてすぐ麺の硬さ・柔らかさを感じ、咀嚼を繰り返す中でもちもち性や弾力性、滑らかさを感じる。噛んで最初に感じる〝柔らかさ〟はでん粉の特性であり、繰り返し咀嚼する時に感じる〝噛みごたえ〟（伸縮性に富み、かつ適度な反発力を持つ＝弾力性）はグルテンの物性が大きく寄与している。特に、麺を噛み切る時の最後の抵抗力はこのグルテンの物性によるものが大きいと考えられる。

さぬきうどんの手打ち製法では、小麦粉生地内のグルテンを足踏みによってよく鍛え、鍛え具合に応じて熟成時間を適切に取る。さらに生地の状態（弾力性）を見ながら揉み起こして最後に麺棒で薄く延ばす。

この製法の目的はグルテンに様々な方向から、力の度合いを変えながら外力を与えることによってグルテンの内在力を、よりダイナミックな弾力性にまで高めることにある。麺棒で生地を延ばす時の有名な「讃岐のすかし打ち」技法は、生地の仕上げに向けて、リズミカルにこの役割を効率的に果たしている。

これらのさぬきうどん製法によってグルテンから「噛みごたえ力」を、そしてでん粉からは、「滑らかさ」と「もちもち感」を得る。両者の相乗によって、硬いだけでなくまた、柔らかいだけでもない複合感のある独特のおいしさの麺食感を作り出すのである。

讃岐の手打ち名人が打ったうどんは、でん粉が老化しやすい冷蔵温度帯で保管した翌日、でん粉が老化が進んでいるのに、うどんの弾力性が残っていておいしく感じる。それは、加水量、塩濃度、手合わせ（水回し）、足踏み（生地の折り方も含む）、手揉みの手法、熟成時間、延ばし（すかし打ち）を統合して、小麦粉のグルテンを打ち手が求めるレベルの弾力性を持つまで変性させていく「鍛えの感覚と技術」によって実現される。たかが加水量、たかが足踏み、されど…である。そこには数値を超えた奥深い感性と勘の世界が確かにある。

そして、うどんの食感を仕上げる最終ポイントは茹で上げ（茹で上げるタイミング、生麺投入後の再沸騰までの時間＝熱量、茹で湯の量）と水洗い（一気に麺温を下げる）である。

小麦粉選びの視点から

うどんをおいしく仕上げるための小麦粉選びは大切である。また、求めるおいしさを実現するための小麦粉をどう選択すれば良いのか。しかしながら、様々なうどん用小麦粉があるのでどれを選べば良いのか迷うことも少なくない。では、どのように小麦粉を選ぶのか。そのうちの一つの基準である「灰分」について説明する。

「灰分」という等級の基準

小麦粉における灰分(かいぶん)とは、高温(600℃程度のマッフル炉で焼く直接灰化法が一般的である)で試料を焼いて残った物質が元の試料に対して占める重量比率(%)であり、食品中の無機質の総量を反映している。正確には、灰化時の温度、時間の条件によって一部の無機質が失われる可能性があるが、その差は微々たるものなので一般的には灰分と無機質は同義としている。

小麦の無機質の大部分はカリウムとリンであり、マグネシウム、カルシウム、微量の鉄、ナトリウム等を含む。これらの無機質は小麦の外皮(果皮・種皮・珠心層・アリューロン層)に多く含まれ、小麦の胚乳部分(小麦粉になる部分)には無機質の含有率は少なく、さらに胚乳の中心にいくほど少ない。

したがって、小麦の胚乳の中心部ほど灰分値が低く、小麦粉の色は明るく冴えた色調になり、皮部に近い外側にいくほど灰分値は高く、くすみが強くなる。

このように灰分値が低い（小麦の胚乳の中心部に近い）ほど、小麦粉は高級なグレード（等級）として位置づけられる。

しかし前にも少し触れたように、灰分値は小麦粉のグレード（等級）をわかりやすく示す基準数値の一つであるが、灰分値が低ければ必ずおいしいうどんができ、灰分値が高ければおいしくないということではない。確かに、灰分値が低いとうどんの色調は明るく冴えた色調にはなるが、食感（なめらかさ、硬さやもちもち感の度合い）、食味（風味）はそれぞれの小麦粉製品の銘柄（小麦原料配合や、挽き方）によって特徴があるので、自分が求めるうどんであるかどうか実際にうどんを打って食味評価する必要がある。（173ページの図表18小麦・小麦粉の分類表参照）

一方で近年、灰分を多く含む小麦の外皮（通称：ふすま）の用途が広がってきた。

日本及びアジアの小麦の麺や皮は、欧米や中東のように小麦粉生地を焼くパン、菓子、ピザ等のベーキング調理とは違い、蒸したり茹でたりして調理する。小麦の外皮部分は焼くと香ばしくなるので、目的によってベーキング（焼成）調理には適度に混入していた方がおいしい場合があるが、蒸したり茹でたりする食品では小麦の外皮が入っていないものが好まれる。

灰分が少ない小麦粉の方がなめらかな食感で、ふすま（小麦の外皮）臭や雑味がない方が一般的に評価される。ただ、近年は、健康機能性や風味の点から小麦のふすま（外皮）や全粒粉の人気が高まっており、中華麺や一部のうどんに使用されることが増えてきている。

灰分値の違いによるうどんの特徴

次に「うどん用小麦粉の灰分値の違い＝グレード（等級）の違い」による一般的なうどんの食感イメージを挙げる。ただし、一般的な傾向を表現したもので当てはまらない場合もあることに留意されたい。

オーストラリア産小麦ＡＳＷ主体に使用したうどん用小麦粉の例を示そう。

◎**灰分値が０・34〜０・36％程度＝特等粉**。うどんの色調は明るく冴えた色。一般的にはなめらかで、柔らかめな粘弾性の仕上がりとなる。ただし小麦品種や製粉仕様により硬めに仕上がる場合もある。

◎**灰分値０・37〜０・42％程度＝１等粉**。色調は特等粉ほどの明るさ・冴えはないが、十分にきれいな色調に仕上がる。食感として、一般に特等粉より弾力が強く、ややしっかりとしたうどんの食感がある。もちもち性は十分ある。

◎**灰分値０・50％前後＝２等粉**。一般的に灰分値が大きくなるほど麺の色調は濃くなる。しっかりした硬めの食感になり、風味も多少強く感じられる。なめらかさは特等粉・１等粉と比べて劣る。

小麦粉の保存と賞味期限

小麦粉の保存方法を中心に紹介する。

小麦粉は「常温保存」で問題はない。ただし、小麦粉は他からの匂いが移りやすく、また環境によってはカビが発生する可能性もあり、涼しく湿気の少ない場所（いわゆる冷暗所）で保管する必要がある。

少量の場合、キッチンの収納棚や調理台の引き出しの中などで良い。ただし、台所の流しの下や、床下収納は湿気が多い上、空気の移動も少ないのでカビが発生しやすいため、避けた方が無難である。業務用の5㎏や25㎏など、クラフト紙の袋入り製品はスノコの上に置くなど、周辺の空気が動きやすいようにして置く必要がある。

開封後は、袋の口を固く締め（業務用の大袋は口を巻いて織り込む。家庭用は折り込んで輪ゴムかヒモで留めるか、口を縛って密封する）、少量の場合は容器（タッパー等）に入れて保管すると良い。密閉することで、湿気を遮断するとともに、小麦粉に匂いがついたり、穀類を好む虫が中に入り込んだりするのを防ぐ。移し変える場合は、後で不明にならないように、日付けと小麦粉の種類（強・薄・中力粉など）や用途、製品名称などを記入したラベルを付けておくと便利である。

「挽きたて」など、小麦粉の保存期間によるうどんへの影響についてであるが、数ヵ月程度の一般的な保存であれば、酸化作用による小麦粉への微妙な変化は、加工や食味には影響しない。日本の製粉企業は、小麦の賞味期限を保存テスト、官能検査等によって裏付けを取ったうえで賞味期間を統一している。そもそも「小麦粉の挽きたて」の定義は存在しない。

一般的に製粉会社は小麦粉の水分と酵素活性が落ちつくエージング（寝かし）を4～5日程度取ってから出荷する。現実には、小麦粉の流通期間は納品後のうどん店の在庫期間も含むと、保存期間が製造後1ヵ月を超える場合も普通にある。

小麦粉の「挽きたて」を好むことは主観的、感覚的なものとしてまったく問題ないが、それが明確に食味や風味に影響していると断定的には考えない方が良いだろう。うどんの風味に与える影響は保存期間より、朝練りか宵練り（前日の練りの後、一晩熟成）かの方が影響は大きいと考える。

かつては、さぬきうどんは朝練りが普通だった。早朝に練り、数時間熟成させて麺に切り落して茹でる。私自身の経験として、この方が生地の熟成時間が長い宵練りより、うどんの風味を感じる場合が多い。これは多くの手打ち職人が言うことでもある。ただ、口中から後鼻孔（鼻）にぬけるニオイと舌で感じる呈味との相乗で感知する「風味」は微妙な感覚であり、再現性が難しく、感じるレベルの個人差もあるので通説ということにしておく。

小麦粉の賞味期間は、製造後、強力粉（パン、中華めん用）で6ヵ月、中力粉（うどん用）・薄力粉（菓子用）で1年が目安である。小麦粉は前述のように、湿気を避け、他からの匂いの移行を防いで涼しい場所で保管すれば品質を保つ。開封後は、他から虫が入ったり、小麦粉が乾燥しないために、なるべく早く使い切ることが望まれる。

第4章

さぬきうどんの打ち方と小麦粉の活用

うどんを打つ際の小麦粉の扱いについて

うどんを打つにあたって、小麦粉の観点から特に重要なポイントを挙げる。

●手合せ（水回し）

「手合わせ」とは、塩水を小麦粉に加えてよく混ぜ、小麦粉の中にを均質に含ませる作業のことで、さぬきうどんの職人が伝統的に使ってきた言葉である。一般には「水回し」と言われる作業工程である。うどん打ちは、「小麦粉」に「塩水」が加えられる、まさにその出合いの瞬間から始まる。この最も大事な「出合い」の瞬間を、昔からさぬきうどんの職人たちは重要視してきた。

「粉に加水して練った時の具合で、うどんの良し悪しは決まる」と、戦後、復員してうどんの商売を始めた老練のさぬきうどん職人がよく言っていた。それは、何を意味するのだろうか。

すでに述べてきた通り、小麦粉に水を加えて練ると「グルテン」という、いわば粘土状の物質ができ、これが麺の骨格となるわけだが、加水した瞬間からグルテンが形成され始めるため、水の添加に生地の場所によって過不足があれば、グルテン形成が小麦粉のあちこちでバラバラに形成され始めることになってしまう。つまり、生地にムラができてしまう。あるところは、グルテンが形成され、あるところは加水が不足して小麦粉の白い状態のまま取り残されるというように。これでは、グルテンが小麦粉中のでん粉を包み込む理想の生麺の状態にはなりにくい。水を早く吸ってしまう傾向がある国内産小麦粉は、特にこの点が重要である。

手打ちの場合、「手合わせ（水回し）」の重要なポイントは、均一に小麦粉全体に素早く塩水を行き渡らせること。したがって、小麦粉全体に水を散らすようなイメージで、手の指を大きく開いて、素早く小麦粉全体をかき混ぜ、水の浸み込み具合を見ながら連続して加水し、小麦粉全体が均質な「そぼろ状」になるようにすることがポイントである。

●小麦粉生地の鍛え

うどんの生地を作る際、小麦粉生地を折りたたみながら、踏む・揉む・伸ばすことで徐々に外力を与えることにより、グルテンの組織構造はより密に展開していき、立体網目状の組織に強化される。

小麦粉の特性から見たさぬきうどんの製麺のポイントは、足踏み工程の「鍛え」の際に、一気に小麦粉生地をきつく圧するのではなく、適度に力を徐々に加えていくことにより「グルテンに弾力をつける」ことである。そして、その外力に応じて生地を休ませること。つまり熟成時間を取ることである。

生地に外力を与える時、生地のいろいろな方向に力が加わるようにしてやる。つまり、一方向の鍛えではなく、生地を織り込む工夫でグルテンが複雑な方向へ展開するように力を加えること。手打ちの職人は、皆それぞれ生地の折り込み方、足踏みの仕方を持っている。

製麺機械のロールで小麦粉生地を一定方向に帯状に圧延しただけでは、噛んだ時にプツッと切れる単純な食感になりやすいのは、このグルテンの展開が縦一定方向であることと、一気に力を加えることで生地内のグルテンが強制的に圧縮され、弾力性を持っていないことにある。

小麦粉生地をいろいろな方向に向けて十分に鍛え、その外力付与の度合いに応じて適度な熟成時間を取って休ませることでうどんの食感に弾力感が付き、見違えるほどに良くなってくる。さらに小麦粉生地を適切に鍛え、適度な熟成時間を取ったうどんは茹でた後に時間が経過しても、ある程度茹でうどんの弾力性を維持することができ、麺の老化（茹で伸び）が遅くなる。これは第3章で説明したように、よく生地を鍛えることによってグルテンが持つに至った豊かな弾力性である。

●生地の熟成

生地を鍛えた後、必要な工程が「熟成」である。うどんの熟成の大きな役割は「小麦粉生地の構造緩和」である。つまり、外力によって内部にひずみが生じ硬くなった生地に、軟化する時間を与えるのが「熟成」である。

小麦粉生地のように流動的性質を持つ物質は、鍛えることによって一時的に硬くなっても、しばらく休ませる（熟成）と組織構造が軟化し、安定化する。この時間を何時間取るか。これは打ち手の采配（さいはい）、勘どころである。この点が大事で、どれほど踏み鍛えて、どれくらいの時間で熟成させるか。その繰り返しを何度行うか。これは、まさに打ち手の小麦粉生地の弾力（押し返してくる力）に対する感覚と、経験からくる茹で上がった時のうどんの食感の予想によって判断することになる。

ちなみに昭和30年代のさぬきうどん作りを知る職人の話によると、当時のさぬきうどん（香川県産小麦「農林26号」「ジュンレイ小麦」を使用）はかなり硬練りで、塩濃度はボーメ13度、42～45％くらいの加水率で相当硬い生地を練ったという。現在の感覚では、人手で練るにはかなり硬い。その硬い生地を、よく足で踏み込み揉んでうどん生地にし、薄く延ばしきるのが職人の技とされた。足踏みは2kg程度の小麦粉生地を4～8枚積み重ねてその上から踏み込んで、生地を順次入れ替えながらの重労働だったという。

私の記憶では、昭和30年代末期頃の近所の日の出製麺所では、座布団状の小麦粉生地を数枚、大人の膝の高さくらいに積み上げ、それをずらっと並べ、その上にゴザを敷き何人もの男たちが手を後ろに組んで足踏みをしていた。私はその頃小学校低学年だったが、その製麺所へ小麦粉を荷車で運ぶ人夫さんについて行き、そのゴザの上で飛び跳ねてよく遊んだものである。

当時の香川県の奨励品種「ジュンレイ小麦」や「農林26号」は、現在のＡＳＷに比べてたんぱく量は少なくグルテンの質も弱く、十分な足踏みによる鍛え工程を行わないと茹で麺が切れたり、しっかりとした弾力のある、満足のいくうどんの食感はできなかったと思われる。

たんぱく量が少なく、弾力や伸展性に乏しいグルテン質をいかに鍛えて、強い弾力を持たせるか　ここに、さぬきうどんの手打ちの技の原点がある。

さぬきうどん１玉の重量と小麦粉の適量

香川県のさぬきうどん店では、うどんの量を「大・中・小」と呼称を分ける場合が多いが、麺の重量は店によってかなりの差がある。おおよそ、中サイズ１玉２３０ｇが標準的な重量だろう。生うどんを茹でると、約１・８倍の茹でうどんの重量になる。小麦粉への加水率を48％とすると、茹でうどん１玉２３０ｇの小麦粉使用量は、２３０ｇ÷１・８÷１・48＝約86ｇとなる。ただし、小麦粉のたんぱく量や、打ち方（ロール製麺機で強く締めるとか、熟成時間を相当長く取る（24時間以上など）といった条件、塩濃度、茹でる湯の水質、また茹で時間の長短によって、麺の茹で歩留は多少変わる。

ちなみに讃岐の水車製粉の記録によると、「うどん粉一貫匁（3・75kg）で45玉のうどんを取る」という記録があり、1玉に使う小麦粉は約83gとなる。加水率45～48％で打ったとあるので、茹でうどんの重量は210～220g程度になる。今も昔も1玉は大体同じ重量ということになる。1回に打つ小麦粉の量は300匁（1・125kg）で、この生地は、3・5尺平方（約106㎠）の打ち板にちょうどいっぱいに広がったとある。今と同じ生地量の打ち方である。

手打ちの場合の適量

手打ちスタイルのさぬきうどん店の一般的な打ち方として、一つの小麦粉生地を1・5kg程度にすることが多い。加水を48％とすると、約1kgの小麦粉を使うことになる。1・5kgの生うどんから、計算上230gのうどんを約17玉取ることになる。

なお、家庭で手打ちうどんを楽しむ場合、小麦粉の最低量は400gくらいが良いだろう。というのは、あまり小さな小麦粉生地では、足踏みした時に単位面積あたりの圧力が大きすぎて生地に過度の加重が加わり、生地（うどんの食感）が硬くなりがちだからである。小麦粉

400ｇで打った場合、計算上230ｇのうどん玉が、4玉強取れることになる。

冬場に必要な切れ麺対策

気温が下がる12月から2月にかけて、うどん店や手打ちうどん愛好家から「うどんが切れやすい」という相談が増える年がある。小麦粉の温度や水温が相当低くなると、グルテン形成が行われにくくつながりが悪くなり、その結果、麺が切れやすくなるのである。また当然ながら、手打ち道具や製麺機（ミキサーやロール等）が冷え込む状態になるとさらに切れやすくなる。

東京で最低温度1℃、最高温度5℃という冷え込んだ日のケースで（関東地域に大雪警報が発表された日）、うどんの切れ麺が増えたという問合せが続いた例がある。

このような環境下において、正常な製麺を行うためには、小麦粉と塩水の両方とも10℃程度以上を目安に保つと良い。

手合わせ（水回し）と塩の働き

小麦粉と塩水を混ぜ合わせる手合わせ（水回し）、機械製麺ではミキシングの際、塩水の温度は、冬期は15℃程度、夏期は25℃程度を目安にすると良い。うどんの小麦粉生地の温度は、20℃程度が理想である。前項でも述べたが、冬期の冷え込んだ日でも加水の塩水の温度は少なくとも10℃以上に保つと良い。10℃よりも温度が低いとグルテン形成が正常に行われずに、切れ麺になりやすくなる可能性がある。逆に夏季のように暑い時期には、加水の水温が高いと生地がだれてしまう。

塩水の使い方

小麦粉生地は小麦粉と水が混ざり合ってグルテンが形成されていくデリケートなものなので、粉の温度に比べて水の温度が極端に高かったり低かったりしないように、水の温度は、冬は粉温より少し温かめ、夏は少し冷ためな温度が大まかな目安である。生地温度が高過ぎるとダレが生じるし、低過ぎると前述のようにグルテンが形成されにくくなる。そして生地を少量握ってみて水分の度合いや、弾力性の度合いを見る。

言うまでもないが、加水に使う塩水は塩を完全に溶かすことが最低条件である。、容器やタンクの底に塩の塊りが残らないようにしなければならない。うどん店では濃度を安定させるためにも塩水を作り置きしているのが一般的である。その場合、きちんと容器に蓋をするなどして、水が蒸発しないようにして濃度の安定化を図る必要がある。そして製麺の前には、必ずボーメ計で塩濃度を確認することも忘れないようにしたい。

ちなみにボーメ度とは、ボーメ比重計の度数のこと。フランスの化学者アントワーヌ・ボーメから付けられた名称である。ボーメ度は、真水を0度とし15％食塩水を15として、この間を等分に目盛をつけたものである。したがって、食塩水の場合のボーメ度は、食塩の重量％と同じと考えてよく、ボーメ10度というのは、塩濃度10％と同じこととなる。

したがって例えば「加水率50％、ボーメ10度」は、小麦粉１００ｇとすると塩水は50ｇで、塩水のうち、塩は10％の重量比であるから塩の重量は５ｇ、水の重量は45ｇとなる。

厳密にはボーメ度は比重の度数なので普通、液温15℃を基準とし、液温が上下すればボーメ度の値は変動するが、麺の製造ではそこまで細かくは考えなくてよく、前述のように重量比と考えれば良い。

塩には、グルテンを引き締める（収斂）作用がある。このため塩水を使うことによって、グルテンに弾力が付き、抗張力（引っ張りに対する抵抗力）と伸張性（引っ張ったときの伸び）が増大する。つまり、塩の作用によってより弾力性に富む生地になる。そのため夏場には、うどん生地がダレて柔らかくなりがちな時に塩濃度を高くする場合がある。また、塩（塩化ナトリウム）のナトリウムイオンと塩化イオンは、でん粉粒子内に入り、でん粉の膨潤を促進する。小麦粉を溶いた水溶液を塩水に変えて加熱すると、塩を入れない場合に比べて水溶液の粘りはかなり強くなる。塩の働きで、でん粉の引きずりの力が増し、粘度が相当高くなるのである。

つまり、塩はうどんの生地のグルテンを引き締める作用と、茹でた時にでん粉に働きかけて粘りを出す両方の役割をしているのである。

また、茹でうどんの適度な塩味は、麺の食味としてのおいしさにも微妙に寄与する。なお、うどん内の塩は、茹で工程で約90%は溶出し、茹で上げたうどんに残留する塩は10%程度である。そのほか、塩は小麦粉生地の乾燥を遅くする働きがあり、乾麺の工程ではこの性質を活かして適切な乾燥速度をコントロールする。

さらに、麺の中に塩と湯の置き換えが行われることで茹で時間が若干短縮されるという働きもある。無塩のうどんは有塩のものより、茹で時間は長くなる。

うどんがよりおいしくなる「茹で方」考

うどんがおいしく仕上がる最終ポイントである「茹で方」にはいくつかの勘どころがある。ここでは、そのポイントについて述べたい。

●釜の温度・容量

第一に重要なポイントは、茹で湯の量と温度である。生うどんを入れる場合の茹で湯は、つねに沸騰状態である必要がある。生うどんの重量の10倍の湯量が理想である。

生麺を投入後、茹で湯の温度がやや下がるが、その温度の下がり方を抑えることと、できるだけ早く再沸騰させる必要がある。そのためには、十分な湯量と火力の熱量が必要である。

具体的に言うと、うどん店の茹で作業の場合、2kgの生うどんを釜に入れ、釜の中で泳がし、しばらくして玉網に入れて茹でを続ける。次に2kgの生うどんを追加投入する。同じようにしばらくして玉網に入れて、さらに2kgを投入する。そして順に釜からあげていくが、計6kgの生うどんを釜に入れて茹でると釜の湯がかなり減少する。それを補う水を投入しつつ沸騰を続ける熱エネルギーが必要となる。

新規うどん店を開店した際、連続してうどんを茹で続けると、熱量が少なすぎて麺の投入時に下がる湯温を再沸騰させきれずに、結局茹で時間を長くした結果、うどんの食感がふやけて柔らかくなってしまうとか、釜の容量が十分でないために茹で湯がすぐに濁りきってしまい、頻繁に湯を捨てて新しい湯を沸かさないといけないという困った状態になるケースがある。釜を導入する時は、余裕をもった熱エネルギーの設定と、現場での確認・調整が必要である。

●麺の投入と混ぜるタイミング

さらに、うどんがおいしく茹で上がるための重要なポイントとして、麺を茹でる時のかき混ぜるタイミングがある。

麺を入れたら、すぐにやさしく丁寧にかき回してほぐすようにする必要がある。熱湯に投入された麺は、表面のでん粉が一気に糊化して、麺同士がくっつきやすくなるためである。一度、ほぐして釜の中で泳がせると、あとは対流によって釜の中で麺がくっつかずに動くようになる。この状態になると、時々かき回す程度で良い。過度なかき回しは麺の表面を傷め、切れ麺を増やす。

●びっくり水

最近あまり見かけないが、以前「びっくり水」という言葉があった。「びっくり水」とは、うどんを茹でている時、沸騰温度を少し抑えるために少量の水を釜（鍋）に加えることである。

特に太いうどんの場合、茹で時間が長いため、麺の表面のでん粉が崩壊して溶け出やすくなる。普通のうどんでも、沸騰する湯の中で長く茹でていると溶け出すでん粉の量が多くなる。したがって、そうなる前に、沸騰する茹で湯に冷たい水を少量入れて、麺の表面の温度をわずかに下げる。水をさすタイミングは、うどんがある程度茹で上がってきた時である。

こうすると、うどんの表面の加熱は少し抑えられ、麺の内部への加熱は進む。つまり、うどん全体に加熱を行き渡らせて、ふっくら、もちもちとした食感にするためにびっくり水をするのである。

茹での時、麺が浮き上がってこない場合の解釈

水の中で物質が浮き上がるか否かは比重によって決まる。水の比重は1であり（水温による比重の厳密な違いは考えないとして）、生麺の比重が1より小さければ浮き上がり、大きいと沈む。湯に生麺を入れると比重が大きい生麺はいったん沈むが、加熱によりでん粉粒が膨潤して体積が増えることや、麺内に閉じ込められた空気の膨張等で、麺の体積が増え比重が1より小さくなると浮き上がる。逆に言うと、加熱によっても体積が増えず比重が1より小さくならない麺は浮き上がってこない。

例えば、麺内のグルテン組織が密で硬い（伸張性が少ない）と、でん粉が膨れようとしてもしっかりと閉じ込められていることによって体積が増えず、比重が1より小さくなるまでに相当時間がかかったり、あるいは1より小さくならなかったりして麺が浮かび上がらないということになる。

うどんの製法で言えば、機械ロールによって強く何度も圧延し、硬く締めた麺や、熟成時間

を長く（2～3日以上など）取った麺はグルテン組織が密になっているため、浮くまでに時間がかかる。

ただ、麺が浮かぶまでの時間が長いからといって、必ずしも悪いということではない。どのような麺の食感に仕上げるかに合わせた製法、熟成時間の取り方、茹で方が重要だということは言うまでもない。

エピローグ

さぬきうどんという大河

さぬきうどんを、小麦の由来、仏教と食、庶民の信仰、食習俗にまで視野を広げ、時間軸から俯瞰(ふかん)すると、律令時代から現代に至るまで、その時代ごとの歴史的な事象と深く関連しながら変化してきたことがわかる。さぬきうどんの存在に感じるある種の奥深さはこの辺りからきているのかもしれない。近年においては、さぬきうどんは日本が高度成長期の真只中にあった昭和40年代頃からの時代の変化の波に、意図せずとも自然に乗って生き続けてきた。昭和45年（１９７０年）、日本の経済成長の象徴的な一大イベントの大阪万博の会場で、さぬきうどんはケンタッキーフライドチキンの日本上陸直前の試験的出店に居合わせた。「うまい、はやい、安い」のファストフード時代の始まりの場に、さぬきうどんも似た機能を持っていることから何かしら縁を感じる。そして平成15年（２００３年）に2回目のさぬきうどんブームが到来し、さぬきうどんは今、全国にその名が広まり、「日本のうどん業態」として定着しつつある。

そのさぬきうどんは、いつ・どこで・誰が、讃岐の地で小麦粉生地を切り落とす饂飩(うどん)なるものを作り始めたのかは杳(よう)としてわからない。ただその萌芽は、伝承記録や史実を並べていくときに浮かび上がる「讃岐における小麦の食習俗」の中に見え隠れする。

　1600年を超える讃岐の小麦生産。讃岐に生きた人々は日々の糧として、律令時代以前から小麦を食べて生きてきた。讃岐の地に小麦が在り、その上に讃岐の粉食文化が在り、さらにその上にさぬきうどん文化が形作られている。

「うどんの種」を讃岐の地に最初に播いたのは、唐で仏教・文化・技術などを学んだ高僧か、生きるために麦を食べてきた農民か、あるいは江戸中期の金毘羅参詣道に海を渡ってやって来たうどん職人か。その後、誰が足踏みや、すかし打ちと呼ばれるさぬきうどん独特の手打ち技法を編み出したのか。その答えは想像の彼方に在る。

　私はこの本を書きながら、「さぬきうどんを誰が始めたのか」ということと同時に「さぬきうどんを作ろうとする意志、食べたいという強い嗜好」がどのように世代を超えて継承され現在に至ったのかということに強い興味が湧いた。またそのことこそ大変重要だと感じている。未来へさぬきうどんをつないでいくためにも、だ。

　昭和から平成に至る変化の激しい外食市場で生き残ってきたさぬきうどん。それには理由があるはずだ。それは、廉価を維持しながら、人々を惹き付ける麺の食感・素朴な出汁の味わいと、乗せる具材からなるさぬきうどんという独自の価値をいつの時代も持っていたということだ。その魅力の根底に、さぬきうどんに関わる人たちの実益ばかり追うのではない、ある種のおおらかな心が在るように私は感じる。

さぬきうどんの世界はこれからも、おおらかさと包容力をもって人々を包み込みながら、悠々と大河のように未来へと流れていくだろう。その大河の中に立ち、振り返ると目に浮かぶのは讃岐の地で小麦の種を播き、収穫し、小麦を挽き、さぬきうどん製法を編み出すに至った幾世代・幾多の人たちの人生の軌跡である。その流れに目をやると、讃岐の人たちのうどんへの思いや愛着の小さな波が、人々の命とともに現れては消えて、消えては現れて先へ先へと流れていく。そうやって世代をつなぎながら、さぬきうどんは霞（かすみ）の彼方、未来へと流れていくのだろう。

吉原 良一

■参考文献・資料

「日本の古代遺跡　香川」（広瀬常雄／保育社）
「日本食物文化の起源」（足立 巌／自由国民社）
「畑作文化の誕生」（佐々木高明・松山利夫／日本放送出版協会）
「古代の讃岐」（木原溥幸編／美巧社）
「讃岐の歴史」（香川地方史研究会編／講談社）
「天平の僧 行基」（千田 稔／中公新書）
「密教」（正木 晃／ちくま学芸文庫）
「日本の水車」（黒岩俊郎／ダイヤモンド社）
「讃岐の水車」（峠の会）
「菅家文草 菅家後集」（日本古典文學大系／岩波書店）
「寺車」（杉村重信）
「石臼の謎」（三輪茂雄／新日本印刷㈱）
「日本めん食文化の１３００年」（奥村彪生／㈳農山漁村文化協会）
「香川の食事」（㈳農山漁村文化協会）
「金毘羅信仰」（守屋 毅／雄山閣）
「日本文化の形成」（宮本常一／講談社学術文庫）

「四国へんろの歴史」(武田和昭/美巧社)
「世界の食事文化」(石毛直道/ドメス出版)
「随筆 さぬきうどん」(山田竹系/讃文社)
「小麦の機能と科学」(長尾精一/朝倉書店)
「世界の小麦の生産と品質」(長尾精一/輸入食糧協議会)
「日本の麦」㈳農山漁村文化協会)
「品川用水沿革史」(篠崎四朗/品川用水普通水利組合)
「武蔵野と水車屋」(伊藤好一/クオリ)
「香川県農業史」(香川県農業改良普及会)
「日本農業基礎統計」(農林水産業生産性向上会議)
「日豪通商外交史」(成田勝四郎/新評論)
「日豪経済関係の研究」(遠山嘉博/日本評論社)
「さぬきうどん全店制覇攻略本2017-18年版」(セーラー広告社)
「オーストラリア小麦の生産事情」(高橋康夫/オーストラリア小麦庁)
「日豪貿易再開による相互補完関係の再確立」(遠山嘉博)
「金毘羅庶民信仰資料集」(金刀比羅宮社務所)
「滝宮ばやし読本」(綾川町立滝宮公民館)
「町史ことひら」(琴平町史編集委員会)

「府中村史」（栗林三郎）
「滝宮村誌」
「綾川町誌」
「木田郡誌」（聚海書林）

＊

人間文化研究機構理事・石上英一氏の講演
「古代山城築城と古代国家の形成」（２０１２年11月）
国立研究開発法人 農業・食品産業技術総合研究機構 次世代作物開発研究センター・中村 洋氏
「日本のコムギ種子貯蔵タンパク質・グルテニン遺伝子の遺伝変異とわが国における今後のコムギ品種改良」（農業技術57：１３１―１３４〔２００２〕）
「小麦が日本に伝播した道、日本の小麦の祖先はアフガニスタンか？」（農業および園芸78：３４７―３５１〔２００３〕）
東北農研・中村俊樹氏の講演（２００８年7月）

＊

「Wheat and wheat quality in Australia」（David.H.Simmonds,1989）
「A shared harvest」（Greg Whitwell,Diane Sydenham,1991）

◎本書の執筆にあたり次の方に感謝申し上げます。

杉村和則氏（元・香川県綾川町教育長）
多田伸司氏（元・香川県農業試験場副場長）
中村　洋氏（国立研究開発法人 農研機構次世代作物開発研究センター）
中村俊樹氏（国立研究開発法人 農研機構東北農業研究センター）
吉田行郷氏（農林水産政策研究所）
香川政明氏（さぬき麺業㈱）
佐伯有一氏（㈱甚助）
松下　守氏（松下製麺所）

■著者プロフィール■

吉原 良一（よしはら・りょういち）

昭和32年、香川県坂出市生まれ。広島大学工学部卒。吉原食糧㈱代表取締役社長。全国のさぬきうどん店向けにうどん用小麦粉を製粉し販売するだけでなく、パン・菓子用、機能性の小麦粉開発にも多くの実績を上げている。香川県産小麦の開発・品質向上にも、行政・研究機関と協力して積極的に力を注いでいる。数多くの講演・セミナー、マスコミ出演などを通して、小麦・小麦粉やさぬきうどんについてわかりやすく解説するなど、多方面で活躍中。全国製粉協議会副会長。かがわ機能性食品等開発研究会副会長。香川県製粉製麺協同組合理事長。

●吉原食糧株式会社

〒 762-0012
香川県坂出市林田町 4285-152
TEL（0877）47-2030

◎讃岐のうどん食文化に多角的に迫る

【さぬきうどん】の真相を求めて

平成30年10月7日　初版発行

著　　者　吉原良一（よしはらりょういち）
制 作 者　永瀬正人
発 行 者　早嶋茂
発 行 所　株式会社 旭屋出版
〒107-0052　東京都港区赤坂1-7-19
キャピタル赤坂ビル8階
電話　03（3560）9065
FAX　03（3560）9071
URL　http://www.asahiya-jp.com

郵便振替　00150-1-19572
印刷・製本　凸版印刷株式会社

ISBN978-4-7511-1322-6 C2077